中国电子教育学会高教分会推荐
普通高等教育电子信息类“十三五”课改规划教材

信息隐藏技术

任帅　张弢　编著

西安电子科技大学出版社

内 容 简 介

本书系统地介绍了信息隐藏技术的基础理论、关键技术和实现方法，讲解了信息隐藏技术所涉及的主要学习和研究内容。其主要内容包括信息隐藏技术概念、研究意义和应用领域；对基于数字图像和三维模型的信息隐藏区域和隐藏规则以及相关基础理论；利用优势理论按照空间域/变换域的分类规则进行信息隐藏算法设计；按照对算法性能的贡献点对算法进行分解，将其扩展为一个完整的信息隐藏系统；最后对系统的安全性进行理论和分析案例展示。

本书可作为计算机科学与技术、控制科学与工程、信息与通信工程，尤其是网络空间安全相关学科的研究生和本科生的教材，也可以作为安全领域的科研技术人员的参考书。

图书在版编目(CIP)数据

信息隐藏技术/任帅，张弢编著. —西安：西安电子科技大学出版社，2017.3

ISBN 978-7-5606-4404-2

Ⅰ. ① 信…　Ⅱ. ① 任…　② 张…　Ⅲ. ① 信息系统—安全技术　Ⅳ. ① TP309

中国版本图书馆 CIP 数据核字(2017)第 039793 号

策　　划　毛红兵
责任编辑　刘炳桢　毛红兵
出版发行　西安电子科技大学出版社(西安市太白南路 2 号)
电　　话　(029)88242885　88201467　　邮　　编　710071
网　　址　www.xduph.com　　电子邮箱　xdupfxb001@163.com
经　　销　新华书店
印刷单位　陕西利达印务有限责任公司
版　　次　2017 年 3 月第 1 版　2017 年 3 月第 1 次印刷
开　　本　787 毫米×1092 毫米　1/16　印张 9
字　　数　204 千字
印　　数　1～3000 册
定　　价　22.00 元

ISBN 978-7-5606-4404-2/TP

XDUP 4696001-1

＊＊＊如有印装问题可调换＊＊＊

中国电子教育学会高教分会
教材建设指导委员会名单

前言

随着 Internet 的飞速发展，信息传播变得更加方便和快捷，但同时也给信息安全问题带来了巨大挑战。信息隐藏技术以传输的存在性和信息的隐蔽性为信息安全传输提供了可靠的技术手段。

本书以数字图像和三维模型作为信息隐藏载体，讲授基于数字图像和三维模型的信息隐藏技术。本书涉及大量的与信息隐藏技术相关的数字图像和三维模型处理的知识，使得学习者具有完善的信息隐藏技术体系。按照空间域与变换域的技术脉络，详细介绍了基于空间域、变换域以及两者结合的高性能信息隐藏算法设计思路，使得学习者可以掌握并实现具体的信息隐藏算法，符合高等教育高级应用型人才的培养要求。本书还涉及信息隐藏系统架构以及评估方法的讲授，从算法升级到系统，从感性评价上升到理论评估，符合高等教育的理论与实际相结合的复合型创新性人才培养要求。

全书共分 8 章。第一章为绪论，介绍了信息隐藏技术的基本概念，分析了信息隐藏技术较加密和安全信道技术的应用优势，利用实例分析了信息隐藏技术的可行性，介绍了主流的信息隐藏算法分类。在信息隐藏系统方面，重点介绍了信息隐藏系统的特性以及子系统和功能模块，介绍了信息隐藏系统安全性分析的理论基础以及学习与研究思路。第二章为基于数字图像的信息隐藏区域。从数字图像的能量性、结构性以及复杂度特性对信息隐藏区域的生成进行了讲解，系统阐述了与信息隐藏区域生成相关的基础理论。能量性方面的基础理论包括 GHM、CL 和 CARDBAL2 多小波变换、高斯金字塔理论、颜色空间理论。结构性方面的基础理论包括位平面理论、环形解析理论、颜色迁移理论。复杂度特性方面的基础理论包括广义位平面和纹理复杂度判别。第三章为基于三维模型的信息隐藏区域。从三维模型的能量性和结构性对隐藏区域生成进行讲解。能量性方面，首次引进局部高度和 Mean Shift 聚类分析理论用于信息隐藏区域的选择和生成。结构性方面，介绍了使用三维模型骨架理论以及距离变换算法求骨架节点。第四章为基于数字图像与三维模型的信息隐藏嵌入规则，讲授匹配度和信息表达转换理论。匹配度的实现依靠置乱技术，而信息表达转换则介绍颜色场结构法、颜色模矢量场结构法、三维内切球数量表达转换以及三维轮廓表达转换。第五章为基于数字图像的信息隐藏算法，介绍了空间域和变换域在信息隐藏技术中的联合应用方法以及联合应用时变换域生成隐藏区域时必须考虑的生成因素。重点介绍了四种信息隐藏算法：① 基于 $l\alpha\beta$ 与组合广义位平面的信息隐藏算法；② 基于 CL 多小波与 DCT 的信息隐藏算法；③ 基于 GHM 与颜色迁移理论的信息隐藏算法；④ 基于 CARDBAL2 与颜色场结构法的信息隐藏算法。基于数字图像的信息隐藏算法以信息隐藏区域和规则的生成原理为基础，详细给出了算法的应用原理和流程，通过理论分析与实验仿真，验证了算法的有效性。第六章为基于三维模型的信息隐藏算法。分别介绍了基于骨架和内切球解析的三维模型信息隐藏算法以及基于模型点 Mean Shift 聚类分析的三维模型信息隐藏算法。第七章为信息隐藏系统组成，介绍了由 2 个子系统和 9 个功能模块组成的信息隐藏系统，讲解各个模块的功能设置和理论基础，以及在信息隐藏系统应用中，信息加密方法的选择原则、信息编码原则、载体选择原则、算法选择原则、置乱与优化选择策略，并对预处理子系统中7个模块之间的冲突与协调问题进行相关说明。第八章为信息隐藏系统的安全分析，给出信息隐藏系统安全性分析的基准要素、分析要素、分析的准备工作和分析流程。在简要介绍了现有安全性分析方法的基础上，讲授一种适合对信息隐藏系统进行安全性分析的方法——灰色层次分析法。应用灰色层次分析法提出了一种面向信息隐藏系统的安全性分析模型——基于灰色层次分析法的信息隐藏系统的安全性分析模型，给出了模型的构建和分析流程，并给出实验分析，佐证该模型分析结果的准确性。

本书得到了国家自然科学基金资助项目(61402052，61303041)、陕西省自然科学基础研究计划项目(2014JM2-6105)、中国博士后科学基金资助项目(2015M572510)、陕西省博士后科学基金资助项目、西藏自治区自然科学基金项目(2015ZR-14-20)、长安大学中央高校基本科研业务费专项资金(310832151092)、国家级大学生创新创业训练计划项目(201610710036，201510710044)、全国工程硕士专业学位研究生教育在线课程重大建设项目(课程编号0542)的资助。

本书在“学堂在线”配套慕课(大规模开放在线课程，简称慕课)平台上运行，即配套视频、习题和互动，具有良好的学习效果。读者可登录学堂在线网站http://www.xuetangx.com/，搜索“信息隐藏技术”在线观看。

由于作者水平所限，书中难免存在诸多纰漏和不足，敬请各位同行专家和广大读者批评指正。

编者著

2016年12月

目　　录

第一章　绪　　论

1.1　信息隐藏技术的概念

人类文明数千年，有人类便有了信息的传递。从本能的肢体语言到结绳记事、简笔画、象形文字、烽火、击鼓、孔明灯、飞鸽传书等，无不彰显人类的智慧。人类文明的突飞猛进，大大改观了信息的载体以及传递的方式。特别是数字化的今天，互联网的普遍使用不仅便利了信息交互，更因其开放性的特点，对信息传递的安全性提出了更高的要求，尤其是关系国家安全、军事部署以及重大发展决策的信息传递更是需要加以保护。

随着多媒体技术的进步和网络的发展，越来越多的数字图像和三维模型作为信息载体涌入互联网通信体系。以数字图像和三维模型为载体的信息隐藏技术成为信息安全领域研究的热点。信息隐藏利用数字媒体本身的数据冗余性以及人类感知能力的局限性，借助密码学、混沌理论、编码压缩技术等对信息本身及隐藏位置进行保密，使秘密信息嵌入到公开载体中却不为人知，从而以“存在级”的安全级别去完成信息的安全输出，对信息起到有效的保护。

本书以数字图像和三维模型作为信息隐藏载体，介绍基于数字图像和三维模型的信息隐藏技术。首先，对基于数字图像和三维模型的信息隐藏技术的两个关键问题——信息隐藏区域和隐藏规则进行讲解。其次，根据信息隐藏区域的生成原则以及信息隐藏嵌入规则，按照空间域和变换域的分类方法对信息隐藏算法进行讲授，介绍性能较为全面的信息隐藏算法；此外，将信息隐藏算法按照功能进行细节分解，以系统的思想对算法进行剖析与扩展，提出基于数字图像和三维模型的信息隐藏系统。最后，根据系统结构和功能划分，对信息隐藏系统进行安全性分析研究。

1.2　信息隐藏技术的优势

现阶段，隐秘通信的实现方法主要是加密技术、安全信道技术以及信息隐藏技术等，在考虑代价与安全性的情况下，基于信息隐藏技术的隐秘通信是最为安全、可靠和廉价的实现方法，该方法与加密技术、安全信道技术相比具有明显的优势。

1.2.1　信息隐藏技术较加密技术的优势

加密技术是实现隐秘通信的重要手段之一，通过对明文（秘密信息）进行加密处理形成密文，把原始信息转换成不可读形式，从而实现秘密通信。加密技术最大的特点在于可以使用公用信道来实现秘密通信，因此得到了广泛的应用。而信息隐藏技术的优势在于，不仅可以应用公用信道，而且可以将明文隐藏到普通的媒体中，使得攻击者难以发现秘密信息的存在，使秘密信息“冠冕堂皇”地从攻击者的监视下溜走，从而真正达到隐秘通信的目的。信息隐藏技术较密码学的应用优势如图 1-1 所示。

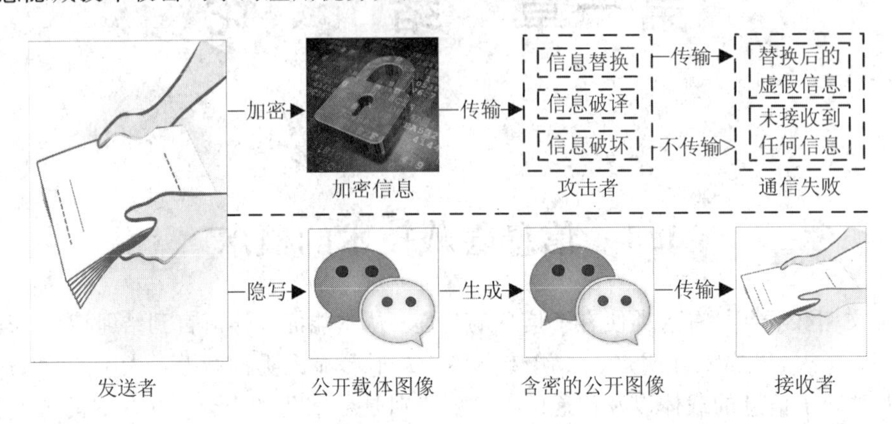

图 1-1　信息隐藏较密码学的应用优势示意

信息隐藏技术的核心思想在于对信息的存在与否进行保密，而对欲隐藏的信息本身并没有要求。通常情况下，为了使秘密通信更加安全，首先将欲隐藏的信息进行加密处理，而后再应用信息隐藏技术将其隐藏在普通载体中，从而实现了比密码学更加可靠的安全传输，达到秘密通信的“双保险”，其原理如图 1-2 所示。

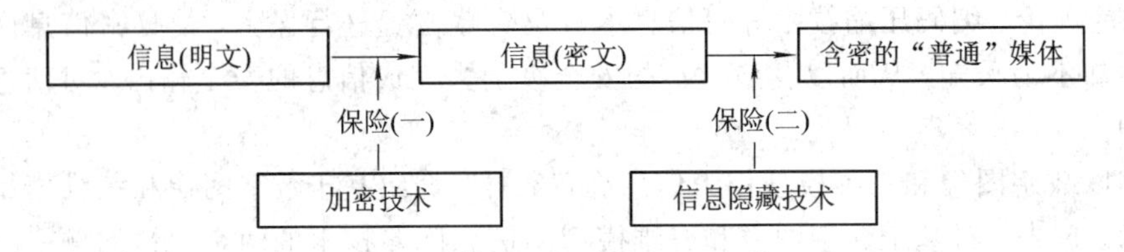

图 1-2　基于信息隐藏技术的隐秘通信“双保险”示意

1.2.2　信息隐藏技术较安全信道技术的优势

安全信道是实现隐秘通信的重要手段之一，它是一种专为发送者和接受者建立的私有信息通道，除了发送者和接受者，其他人无法访问。安全信道虽然安全性好，但需要布设专门的通信链路，因此实现复杂，代价昂贵。另外，实施秘密通信的双方有时根本不具备布设安全信道的条件。安全信道的发送和接收端需要专门的安全管理及隐蔽措施，这样的机制极其容易暴露发送者和接受者的身份，使通信链中断，人员受到危险。

1.3　信息隐藏技术的研究意义以及应用领域

1.3.1　信息隐藏技术的研究意义

1. 完善信息安全体系，提高国家信息安全水平

随着改革开放的不断深入，我国在政治、军事、经济、文化和教育等各个领域都有了

长足的进步和飞速的发展。然而，进步与发展的背后不仅需要人们在研究领域的不懈努力，还需要有安全的信息系统作为支持与保障。随着计算机和网络技术的迅速发展，信息系统更多的是依赖以计算机为基础的计算机网络，因此，计算机网络已经与电力网、电话网、广播电视网、交通网并驾齐驱，成为当代人类赖以生存的网络之一。保证计算机网络中信息传递的安全是衡量网络与信息安全水平的重要指标。

信息隐藏技术为信息安全传递提供了强有力的技术支持。几乎所有的军事信息都涉及国家安全，但也时刻受到窃取与破坏的威胁。应用信息隐藏技术是保障军事信息安全传输与交互的重要技术手段。另外，电子商务、电子政务、电子金融都是网络时代政治和经济活动的全新形式，在自身建立良好的管理体制的基础上，应用信息隐藏技术保障信息的安全传输，可以有效地保护好政务和商业等信息机密，提高政治与经济系统的信息安全。可以肯定的是，信息隐藏技术的进步可以完善信息安全系统，提高国家信息安全水平。

2. 提高信息检测能力，维护国家安全

任何技术本身是没有好坏之分的，关键在于技术使用者应用的目的。如今，信息隐藏技术也被不法分子所利用。不少恐怖组织以 Internet 为联系工具实现散布消息、筹集资金、筹划攻击活动等目的。遍布于全球各个角落的恐怖分子已经开始使用图像、音频和视频文件等作为载体，通过信息隐藏技术来躲避国际反恐机构的监控。如何有效监管 Internet、如何防止不法分子应用信息隐藏技术进行高科技犯罪，成为安全研究领域的重中之重。

深入研究信息隐藏技术，可以进一步了解传递载体在嵌入隐藏信息后所发生的变化，为信息隐藏分析技术提供更多的研究依据，从而更好地对网络进行有效的监管，正所谓“知己知彼，百战不殆！”信息隐藏技术的研究无论在军事上、民用上都有着重要的意义！

1.3.2 信息隐藏技术的应用领域

信息隐藏技术是一种信息处理技术，它的应用范围几乎涵盖了所有涉及到安全通信的领域，尤其是在军事、政治、经济、文化等方面都有着很高的应用价值。

1. 军事方面

现代战争中，即使通信内容已经被加密，但随着数学学科的自身发展和计算机技术的进步，原来加密算法依赖的“计算不可行性”的数学问题可能变得容易求解。而且，敌方也会从加密举动发现端倪，进而启发攻击者进行破解。在某些情况下，虽然敌方不能进行有效的破译，但是可以很容易地对信息加以破坏，使得信息传输失败。所以，战争中更多的是应用信息隐藏技术来实现信息传输，把秘密信息隐藏于敌人难于注意的公开信息中，掩盖了通信存在的事实，使得攻击者难以检测或攻击信号，瞒天过海，达到信息安全传输的目的。

2. 政治方面

随着现代科学技术和传播手段的迅猛发展与广泛运用，舆论彰显出前所未有的独特作用和巨大能量，对社会稳定和国家安全的重要影响日益显现。在政治方面，舆论可以通过生动鲜活、具体直接的内容和形式，持续不断地为政权合法性提供注解和例证，增强人们对现存社会制度和政治秩序的心理认同与支持，不断为政权合法性补给能量。但是，舆论也可以从反方向释放能量，质疑、消解、摧毁现有政权的合法性，引发社会动荡。

从舆论传播的时代特征看，以网络为代表的新兴媒体，已逐渐担负起跨媒体、跨区域、跨层次舆论传播媒介的角色，日趋成为舆论生成的策源地、舆论传播的集散地、舆论交锋的主阵地。在这个阵地上，秘密进行的舆论扩散、反馈、再扩散的速度加快，甚至呈几何级数增长。舆论形成机制和传播方式的变化，加大了舆论传播的离散性、多变性和复杂性，舆情分析和舆论引导的难度都大为增加。对信息隐藏技术的研究，可以提升信息隐藏分析技术水平，使国家对网络隐藏信息进行有效监测，及时了解“隐藏舆情”，提升舆情安全程度，对维护社会安定团结起到十分重要的作用。

3. 经济方面

网络技术与多媒体技术的结合，大大拓宽了网络的应用范围，数字媒体通过网络传输改变了原有媒体发布和物流形式。信息隐藏技术可以有效地保护数字媒体中诸如发行、版权管理以及播放权限等各种问题。另外，在医疗领域，尤其是医学图像系统中，为了防止患者的文字资料与诊断图片分离造成的医疗信息丢失，将患者的姓名等信息嵌入到诊断图片中是很有用的安全措施。还有，信息隐藏技术在进一步实现数字媒体多信息呈现方面，提供了强有力的技术支持。例如，在计算机网络的浏览器中应用隐藏信息可以实现浏览器的智能化；应用信息隐藏技术可以把电影的多种语言配音和字幕嵌到视频图像中携带，在保证视觉质量不受影响的情况下节省了声音的传输信道。与此同时，把电影分级信息嵌入到图像中，可以实现画面放映的等级控制，从而实现电影的分级播放。此外还可以将信息隐藏技术应用到远程教育，实现分级权限的播放。

4. 文化方面

互联网的发展，使得信息的共享方式发生了巨大的变化，人类获取信息的来源越来越多样，如何有效监管与控制信息，使信息的读取和使用权与使用者匹配成为现今需要解决的问题。利用信息隐藏技术，可以在不影响媒体效果的同时，对媒体进行额外的信息标识与控制。例如，对媒体进行内容说明、安全等级标识以及使用权的控制等。

1.4 学习重点

信息隐藏技术的学习主要集中于三点：一是信息隐藏算法；二是信息隐藏系统；三是信息隐藏系统安全性分析。

1.4.1 信息隐藏算法

信息隐藏技术中，最为关键的就是信息隐藏算法的学习。本书在算法部分重点研究数字图像和三维模型的信息隐藏技术。本小节只是对算法的基本原理和分类进行介绍，算法设计将在本书的第五章和第六章进行阐述。

1. 信息隐藏的可行性分析

基于数字图像和三维模型的信息隐藏技术的可行性来自于数字图像和三维模型信号相对于人类视觉的冗余，在人眼无法感知的数据成分中通过修改信号数据进行秘密信息的隐藏，通常是对部分数据(空间域)或描述参数(变换域)做一定的修改或替换来实现一种“非加密”方式的信息隐藏。

图 1-3 为一个简单的数字图像实例，图(a)大小为 2083 K，经过压缩后，图(b)的数据量仅为原图的 4%左右(92 K)，但是人类视觉系统(Human Visual System，HVS)很难感知到压缩所带来的变化，可见去除冗余对展现图像内容本身没有任何影响。所以认为，对原本压缩过程中欲丢弃的数据进行保留后替换，人类视觉系统是很难识别出图像修改前后的差别的。

(a) 2083K

(b) 92K

图 1-3　数字图像冗余实例

图 1-4 为一个简单的三维模型实例。图(a)为原始未修改的三维图像，图(b)为部分修改后的三维图像。人类视觉无法判断图(a)和图(b)的区别与变化。图(c)为图(a)的局部放大图像，图(d)为图(b)的局部放大图像，借助计算机进行局部放大，才能看到较为明显的区别。

(a) 原始三维模型

(b) 部分修改后的三维模型

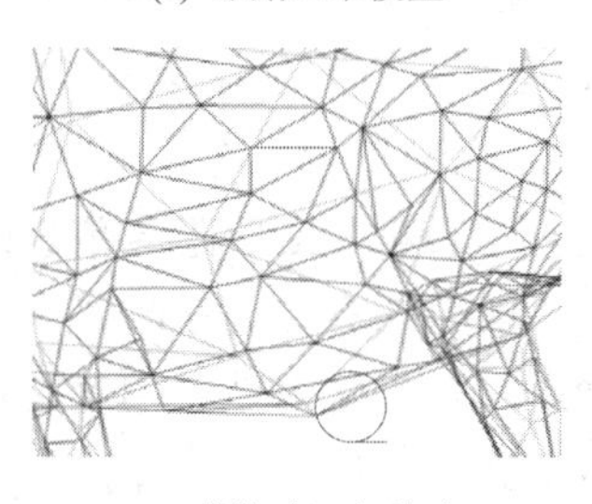
(c) 未修改局部放大

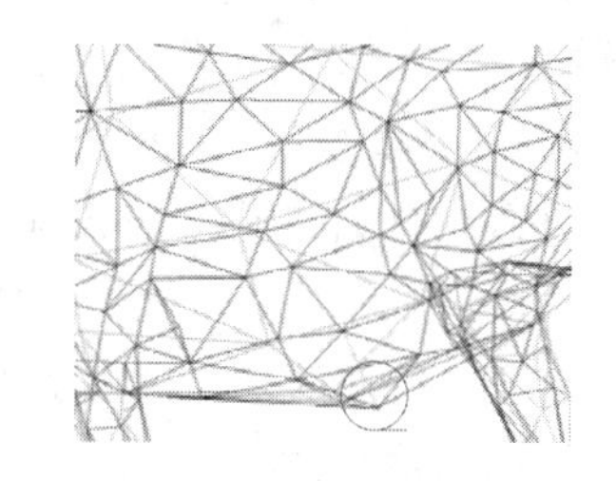
(d) 修改后局部放大

图 1-4　三维模型冗余实例

从视觉科学与信号处理的角度来看，信息隐藏可以视为在原始图像下(强背景)叠加隐藏信息(弱信号)。由于 HVS 分辨率的限制，只要叠加的弱信号的信息特性低于 HVS 门限值(对比门限等)，HVS 就无法感受到信号的存在，从而达到信息隐藏的目的，这就是信息隐藏技术的可行性所在。

2. 信息隐藏算法的分类

信息隐藏算法的分类方法众多，典型的大致有以下四种分类方法。

1）按应用对象分类

按照应用对象分类，信息隐藏算法主要分成秘密通信技术、载体标记技术以及额外信息服务技术。秘密通信技术旨在完成信息的秘密传输；载体标记技术则是要完成对载体的注释，例如媒体的所有权或版权等相关信息；额外信息服务技术则是在载体中嵌入一些与载体和载体功能有关的信息数据，使媒体工具(如图像播放器、浏览器)可以提取和执行额外的相关功能，完成分级控制、图像注释以及权限播放等功能。本书主要讲解面向秘密通信的应用。

2）按密钥分类

按密钥分类，信息隐藏算法可分为无密钥信息隐藏和有密钥信息隐藏两大类。无密钥信息隐藏是指秘密信息在嵌入到隐秘载体之前不做任何加密处理，同时信息隐藏过程也无密钥控制，秘密信息的安全保障完全依赖信息隐藏系统的安全性；而有密钥的信息隐藏可以根据加密理论进行信息和嵌入的加密，有密钥的信息隐藏在嵌入和提取时采用相同的密钥，因此也被称为对称信息隐藏技术，反之则被称为非对称信息隐藏技术。

3）按隐藏嵌入域分类

按照隐藏算法所基于的嵌入域进行分类，信息隐藏算法主要分为基于空间域的信息隐藏算法和基于变换域的信息隐藏算法。空间域方法是在数字图像的空间范围内(例如像素值、颜色空间分量、位平面等)直接用隐藏信息来替换载体信息中的冗余部分。变换域方法是把欲隐藏的信息嵌入到载体的一个变换空间(例如离散余弦变换的系数矩阵等)中。当然，现在的一些算法同时基于空间域与变换域。本书算法的讲解是按照隐藏域进行分类展开的。第五章涉及的数字图像信息隐藏算法中，基于 $l\alpha\beta$ 与组合广义位平面的信息隐藏算法是基于空间域的，基于 CL 多小波与 DCT 的信息隐藏算法是基于变换域的，而基于 GHM 与颜色迁移理论的信息隐藏算法和基于 CARDBAL2 与颜色场结构法的信息隐藏算法是基于空间域和变换域联合的。第六章涉及的基于骨架和内切球解析的信息隐藏算法以及基于模型点 Mean Shift 聚类分析的信息隐藏算法均属于空间域信息隐藏算法的范畴。

4）按提取要求分类

根据提取是否利用原始载体可以分成两种信息隐藏算法。若在提取隐藏信息时不需要利用原始载体，则称为盲信息隐藏算法，否则称为非盲信息隐藏算法。考虑到安全以及应用方便的需要，目前的信息隐藏算法大都采用盲信息隐藏算法，本书涉及的信息隐藏算法全部为盲信息隐藏算法。

1.4.2 信息隐藏系统

信息隐藏技术是一项复杂的系统工作，技术的实现涉及到包括嵌入信息本身、载体、隐藏算法和传输条件等各个因素以及相关的综合性问题。下面就信息隐藏系统的特性、组成要素以及要素特性进行阐释。

1. 信息隐藏系统特性

本书讲授的信息隐藏技术主要面向秘密通信应用。信息隐藏系统是支撑秘密通信的专有应用系统，所以秘密性与通信性是衡量信息隐藏系统的根本特性，而这两个特性中分别包括不可见性和抗分析性以及鲁棒性和容量性，如图 1-5 所示。

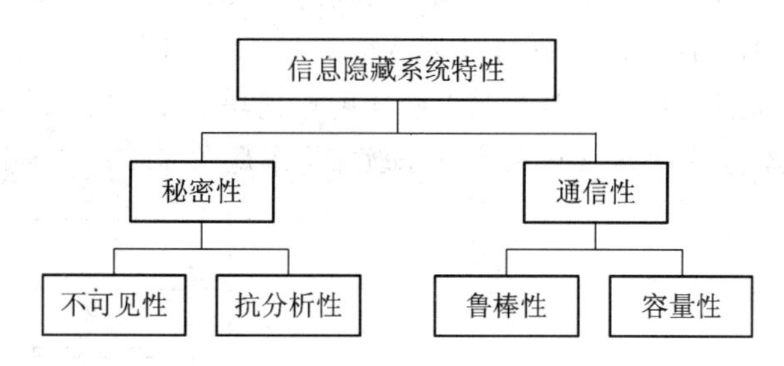

图 1-5　信息隐藏系统特性示意

1）秘密性

秘密性是要求信息隐藏系统可以秘密地传输信息，使有意进行信息截取和破坏的攻击无法找到信息传输迹象，或者无法分析和提取秘密信息。秘密性具体可以概括为系统的不可见性和抗分析性，详细概念见表 1-1 所示。

表 1-1　信息隐藏系统的秘密性概念

秘密性要求	概　　念
不可见性	要求不影响对原始载体的理解，即人类感知系统和机器设备都无法发现宿主信息内包含了其他信息，同时不影响宿主信息的感觉效果和使用价值
抗分析性	信息隐藏系统要抵御信息隐藏分析（检测）技术，防止攻击者判断出隐藏信息的存在并成功提取出隐藏的信息内容

注意：不可见性是信息隐藏系统的最基础要求，也是抗分析性的基础。而抗分析性是信息隐藏系统的最高性能要求，在宏观上制约着通信系统的整体性能。

2）通信性

系统的通信性是应用层面上的一个要求，针对这个要求，信息隐藏系统需要满足鲁棒性和容量性，具体概念如表 1-2 所示。

表 1-2　信息隐藏系统的通信性概念

通信性要求	概　　念
鲁棒性	鲁棒性指不因载体文件的某种改动而导致隐藏信息丢失的能力。这里所谓的“改动”是指传输过程中可能经历的处理（如信号处理、有损压缩、滤波、调制等）、恶意攻击或者信道中随机噪声的影响
容量性	容量性指载体图像和三维模型能够嵌入的欲隐藏信息的大小

鲁棒性与不可见性在信息隐藏系统中是对立因素，因为通常使用冗余嵌入，即重复嵌入相同的信息来增强鲁棒性，这样就会造成信息嵌入过多，影响不可见性。解决这一对立因素是信息隐藏技术的难点，信息隐藏系统的设计要均衡考虑系统要求。与隐藏容量密切相关的一个概念是信息隐藏率，信息隐藏率是指欲隐藏的信息量与载体信息量的比值。在保证不可见性的前提下，应尽量在载体中隐藏更多的信息，提高信息传输的效率。

2. 信息隐藏系统的组成要素

根据信息隐藏技术的应用目标，一套完整的信息隐藏系统应该包括两个子系统和9个功能模块。子系统分别是预处理子系统和嵌入子系统，9个模块包括信息加密模块、信息编码模块、载体选择模块、算法选择模块、载体解析模块、置乱模块、优化模块、信息嵌入模块以及补丁模块。9个模块包含在两个子系统中，隶属关系如图1-6所示。

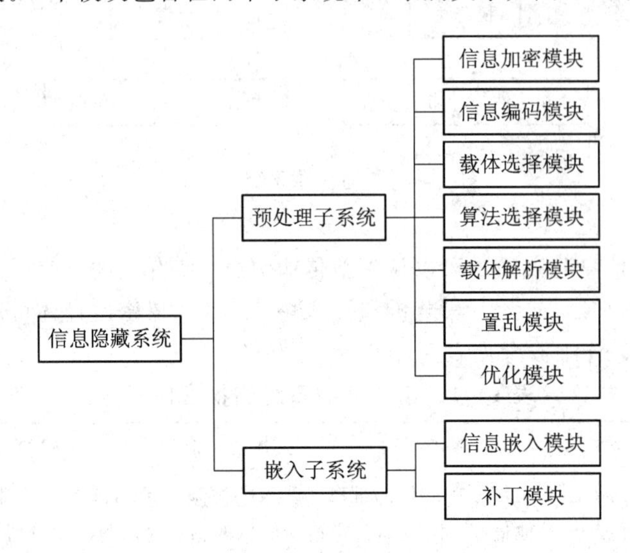

图1-6　信息隐藏系统的组成要素以及隶属关系

信息隐藏系统中，9个模块各自发挥其中的作用，表1-3是对各个模块做的简要概括。

表1-3　信息隐藏系统的9个模块功能介绍(简述)

信息隐藏系统		功能介绍
预处理子系统	信息加密模块	将欲隐藏的信息进行加密处理
	信息编码模块	将欲隐藏的信息转化成为符合嵌入系统性能条件的信息
	载体图像模块	根据所要隐藏的信息特性和容量等进行载体图像的选取
	算法选择模块	根据欲隐藏信息和载体图像的特性进行隐藏算法的选择
	载体解析模块	根据隐藏规则解析出载体自身所隐含的信息
	置乱模块	对信息进行置乱处理
	优化模块	从调整隐藏顺序(置乱参数)入手对隐藏信息进行优化
嵌入子系统	信息嵌入模块	实现信息的嵌入操作
	补丁模块	根据实际应用需要额外嵌入一些附加信息

1.4.3　信息隐藏系统安全性分析

信息隐藏技术是一门安全学科，应该有专属的性能分析体系，以便信息隐藏系统的设计者和使用者预测和掌握系统的安全程度。目前，信息隐藏系统的安全性分析结果并未按照不可见性、鲁棒性、抗分析性和嵌入容量进行等级划分，因此，分析结果的指导性不强。在实际操作中，性能保障是依靠实验仿真验证，这给信息隐藏系统的设计者和使用者带来很多设计问题和使用隐患。判断信息隐藏系统是否达到预期的性能要求，以及系统可否安全的使用，是系统使用者最为关心的问题。信息隐藏系统安全性分析是在实际应用中，系统使用者需要的一个系统化的性能分析模型。

1. 信息隐藏系统安全性分析的理论基础

目前，信息隐藏系统安全性分析是系统评估理论的一个应用分支，与系统评估理论相同，其基础理论是各种系统评估方法。

1）定性评估方法

定性评估是使用最广泛的评估分析方法，它有很强的主观性，需要凭借分析者的经验、直觉或者业界的标准和惯例，为系统诸要素的大小或高低程度定性分级。定性分析操作简单，通常不使用具体的数据，而是以制定期望值进行操作。表 1－4 给出定性方法在定义信息隐藏系统不可见性时的示例。

表 1－4　不可见性的定性描述

等级	描述	详细描述（有原始参考图像）
1	可以忽略	含密载体几乎没有改变，凭借计算机也难以发现
2	较小	含密载体有极小的改动痕迹，计算机可以发现，肉眼很难区分
3	中等	含密载体有改动，肉眼感知不明显
4	较大	含密载体修改痕迹比较明显，肉眼可以感知
5	灾难性	含密载体修改痕迹明显，肉眼可以清楚看出

2）定量评估方法

定量评估就是试图以数值对系统进行分析评估和衡量的一种方法。定量评估方法的思想很明确，对构成系统安全威胁的各个要素、潜在影响和损失等赋予数值或货币金额。基于定量评估方法的信息隐藏系统的安全性分析方法中，当系统的各个功能模块（两个子系统和 9 个模块）、应用要素（涉密等级、泄密影响、信息价值和传输要求）以及度量系统的所有要素（不可见性、鲁棒性、抗分析性和容量性）等都被赋值时，评估的整个过程和结果均可以被量化。

2. 信息隐藏系统安全性分析的学习思路

本书以信息安全评估方法为基础，讲授适应于信息隐藏系统的安全分析方法，并根据方法所需要的信息与结构，提取相关的信息隐藏系统的分析要素，对信息隐藏系统的安全性分析进行研究。信息隐藏系统安全性分析的学习思路如图 1－7 所示。

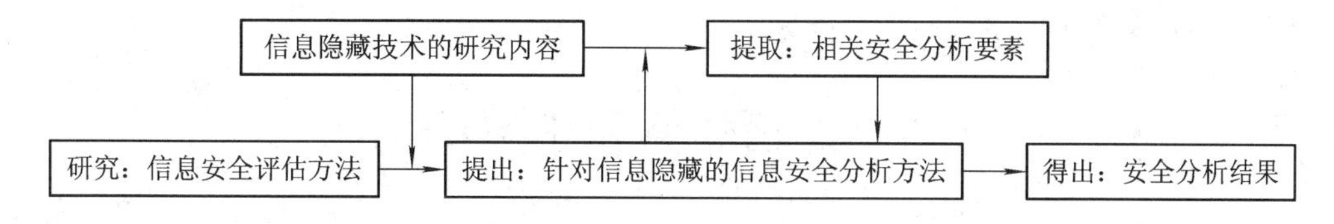

图 1－7　信息隐藏系统安全性分析的学习导图

信息隐藏系统安全性分析的学习内容主要包括安全要素、评估标准、层次结构、权重等级、评估方法与模型。本节只对学习内容做一概述，详细内容将在第七章展开。

1）安全要素

一般来讲，系统的安全要素要从系统的结构、功能以及运行方法进行分析提取，根据以上提取原则，信息隐藏系统的安全要素包括：隐藏信息、载体图像、预处理系统以及嵌入算法。

2）评估标准

评估标准是系统要求的基本特性，评估的过程就是衡量安全要素是否达到安全标准的过程。信息隐藏系统的安全性评估标准即为信息隐藏系统的性能要求：不可见性、鲁棒性、抗分析性以及容量性。

3）层次结构

任何系统从功能和运行等方面分析，均有一定的层次结构，系统评估往往需要利用受评系统的层次进行评估分析和操作，以方便提取、判断、综合各安全要素的权重和安全状况以及整改措施的制定。层次建立的基本方法(从上到下)一般是系统安全目标、系统安全要素以及系统安全特性(评估标准)。信息隐藏系统的安全性评估层次结构如图1-8所示。

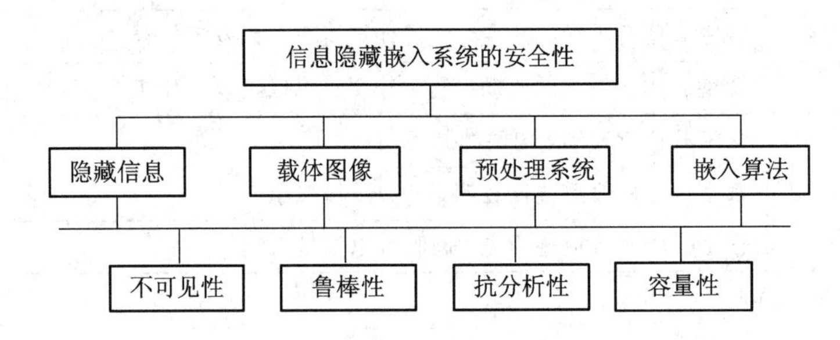

图1-8　信息隐藏系统的安全性分析层次结构

4）权重等级

任何一个系统提取出的安全要素必定有轻重缓急之分，分析评估工作当然要充分区分各个要素的重要性。例如，在信息隐藏系统的安全性分析中，根据实际应用要求的不同，各安全要素(隐藏信息、载体图像、预处理系统以及嵌入算法)的权重和安全标准(不可见性、鲁棒性、抗分析性以及容量性)的权重会有不同。权重的判断是系统安全评估理论的研究重点。

5）评估方法与模型

评估方法与模型的研究是系统安全分析的研究核心。评估方法与模型是将安全评估目标、安全要素以及安全标准数字化和模型化，目的是运用数学的方法解决评估工作中诸如安全权重、安全等级的定性与定量问题。

1.5　知识体系和学习结构

本书首先对基于数字图像和三维模型的信息隐藏区域和隐藏规则以及与之相关的新的基础理论进行介绍，利用优势理论按照空间域/变换域的分类规则进行信息隐藏算法设计；之后按照对算法性能的贡献点对算法进行分解，将其扩展为一个完整的信息隐藏系统；最后对系统的安全性进行分析，如图1-9所示。

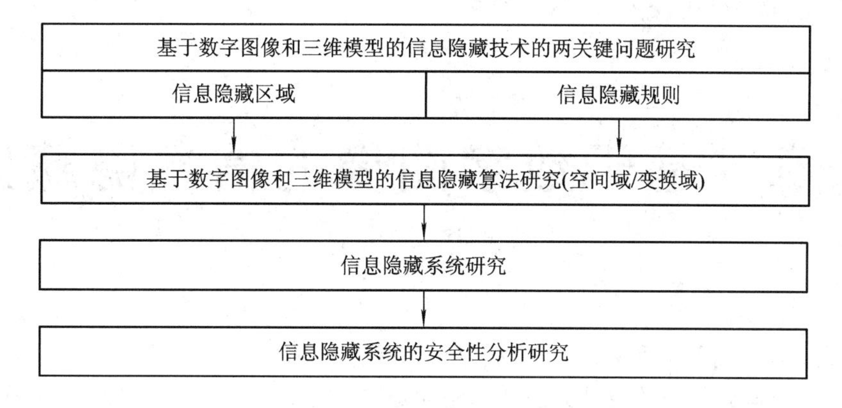

图 1-9　本书知识体系和学习结构

本 章 习 题

1. 信息隐藏技术的技术优势是什么？
2. 信息隐藏技术的应用领域有哪些？
3. 简述信息隐藏技术的可行性。
4. 信息隐藏算法的分类有哪些？
5. 信息隐藏系统的性能要求有哪些？
6. 信息隐藏系统由哪些模块组成？
7. 信息安全风险评估的分类有哪些？

第二章　基于数字图像的信息隐藏区域

对隐藏载体进行设计和处理，生成信息隐藏嵌入区域是信息隐藏技术最为重要的学习内容之一。信息隐藏算法的设计方法和思路就是在选定信息隐藏区域以及制定好信息隐藏规则后，按照一定的顺序将两者进行合理的组织，所以信息隐藏区域以及信息隐藏规则是信息隐藏算法设计的两个关键步骤，如图 2-1 所示(基于三维模型的信息隐藏区域与规则以及包括第五章和第六章的信息隐藏算法，均按照图 2-1 所示的思路进行设计)。

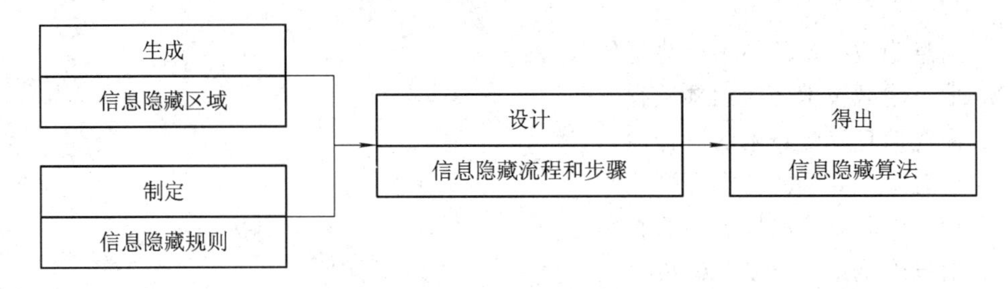

图 2-1　信息隐藏区域与规则在信息隐藏算法研究中的关键性示意

基于数字图像的信息隐藏技术的学习重点集中在如何利用数字图像生成隐藏区域。信息隐藏区域的概念不仅仅是指信息隐藏的具体空间位置，还包括信息嵌入区域的整个环境。数字图像嵌入区域环境的主要参数包括区域能量、区域结构和区域复杂度。因此，信息隐藏嵌入区域应该基于数字图像的能量特性、结构特性和复杂度特性。

2.1　基于数字图像能量特性的信息隐藏区域

能量是基于数字图像的信息隐藏区域选择所必须考虑的问题，最直接的影响是满足信息隐藏算法的不可见性和鲁棒性。目前常用的方法主要是基于最低有效位、变换域中高频区域系数的能量特性来实现信息隐藏，因为经过频域变换生成的高频系数，能量低且信息量小，对整个数字图像的贡献微乎其微，对其进行修改后可以使隐藏信息“稀释”到载体图像中，满足系统对不可见性的要求。在低频区域进行有度的信息隐藏后，在不影响载体图像表现的前提下，隐藏信息可以较为均匀地分布到空间域上，实现信息的能量分散，并且能够较好地抵御外来干扰和攻击，满足系统对鲁棒性的要求。抗分析性是一项复杂的技术，但是基于能量特性的隐藏区域选择方法依然适用，当“稀释”后的隐藏信息无明显的统计特性时，信息隐藏算法即可以抵抗很多已有的信息隐藏分析算法。本节根据信息隐藏技术与数字图像能量的关系，讲解与数字图像能量相关的且最新的用于基于数字图像信息隐藏技术的多小波理论、高斯金字塔理论以及颜色空间理论。

2.1.1 多小波理论在信息隐藏技术中的应用

多小波是指由两个或者两个以上的函数作为尺度分量生成的小波，它是小波理论的新发展。多小波分析是小波理论研究的一个重要分支，因为它具有一些独特的数学性质和灵活的构造性，在1996年后成为一个非常活跃的研究领域。

最早出现由多个尺度函数生成小波基的文献是在1991年，Alpert和Rokhlin两位学者构造了$r(r>1)$个尺度函数，每个尺度函数都是支集在[0，1]区间上的$r-1$次多项式，这些尺度函数生成了多小波并被用于解积分方程，它能够使积分方程形成的矩阵有更大的稀疏性。

1994年，Goodman等人提出了基于r元的多分辨率分析(Multi-Resolution Analysis，MRA)，建立了多小波的基本理论框架。同年，Geronimo、Hardin和Massopust利用分形插值的方法，成功的构造了具有短支撑集、正交、对称和二阶消失矩的两个尺度函数，这就是著名的GHM多小波尺度函数。

1996年，Donovan、Geronimo、Hardin和Massopust再次利用分形插值方法，构造了GHM的小波函数，称为DGHM多小波。多小波能同时拥有对称性、正交性、紧支撑性和高阶消失矩等特性，因此吸引了众多小波研究者的目光。近年来，多小波的研究成了小波领域中的研究热点。Chui和Lian两人研究了多小波的正交性、支集特性、对称性和插值特性等基本性质后，利用对称性给出了支集在[0，2]和[0，3]区间上的二元多尺度和多小波函数，并且不用分形插值的方法重构了GHM多小波构建了CL多小波变换。Donovan等人研究认为，一个紧支r元多分辨率分析总是包含有另外一个$r+p$元的多分辨率分析，并构造了正交样条多小波。1996年，Strela提出了两尺度相似变换(Two-scale Similarity Transform，TST)的概念，并用TST来改进和构造多小波。Plonka用TST来分析多小波的消失矩性质，在有关矩阵两尺度符号分解形式方面得出了重要的结论。Heil和Colella研究了向量作为多尺度函数解的唯一性问题，分析了矩阵两尺度方程解的无条件收敛、条件收敛和超约束收敛的情形。

1997年，数学家Micchelli和Sauer从向量细分法的角度讨论了矩阵两尺度方程收敛的充分必要条件，并研究了多小波的正则性。Micchelli和Xu从仿映射的角度给出了一类区间多小波，使得Alpert和Rokhlin构造的多小波成为特例，并研究了这一类区间双正交多小波的分解重构算法。Jia和Wang从矩阵尺度符号H的谱分解出发，讨论了矩阵两尺度方程稳定的充要条件。

1998年，Lebrun和Vetterli提出了平衡多小波的概念，并且给出了一阶平衡器，其基本思想是对现有的多小波基作平衡旋转，经过一阶平衡处理后的多小波基特性得到了明显的改善。Shen从H的交换算子TH的谱特性分析着手，也证明了两尺度方程收敛的充要条件。Jiang利用TH的性质来分析多小波的正则性，利用时频分析中窗函数的特性构造了具有最优时频分辨率的二元多小波。同年，Lian给出了多尺度函数正交的各种判断标准。

1999年，Tham、Shen、Lee和Tan等人将多小波考虑为等价的单小波，提出了GMP(Good Multifilter Properties)的概念，其实质是将多小波的平衡问题转化为等价的单小波的频率响应来考虑，并在此基础上给出了一阶GMP多小波的构造，其结果与一阶平衡是等价的。

众多科学家对多小波性质的讨论和分析，无疑为多小波的理论发展打下了坚实的基础，也为其应用提供了必要的条件。对隐藏区域应用多小波理论进行预处理时，多小波变换所具有的能量特性与基于数字图像的信息隐藏算法性能之间有一定的规律可循，这种规律主要体现在经过多小波变换后分量子图的能量大小以及分量子图本身的能量分布上。

1. GHM(Geronimo、Hardin、Massopust)多小波变换

GHM 多小波变换是最早构造并应用最广的多小波，它具有紧支撑、二阶逼近、尺度函数的整数平移相互正交和高阶消失矩与对称性等显著特点。

1) GHM 多小波的 $L(n)$ 和 $H(n)$

$L(n)$：

$$L(0)=\begin{bmatrix}\frac{3}{5\sqrt{2}} & \frac{4}{5}\\ -\frac{1}{20} & -\frac{3}{10\sqrt{2}}\end{bmatrix},\quad L(1)=\begin{bmatrix}\frac{3}{5\sqrt{2}} & 0\\ \frac{9}{20} & \frac{1}{\sqrt{2}}\end{bmatrix}$$

$$L(2)=\begin{bmatrix}0 & 0\\ \frac{9}{20} & -\frac{3}{10\sqrt{2}}\end{bmatrix},\quad L(3)=\begin{bmatrix}0 & 0\\ -\frac{1}{20} & 0\end{bmatrix}$$

$H(n)$：

$$H(0)=\begin{bmatrix}-\frac{1}{20} & -\frac{3}{10\sqrt{2}}\\ \frac{1}{10\sqrt{2}} & \frac{3}{10}\end{bmatrix},\quad H(1)=\begin{bmatrix}\frac{9}{20} & -\frac{1}{\sqrt{2}}\\ -\frac{9}{10\sqrt{2}} & 0\end{bmatrix}$$

$$H(2)=\begin{bmatrix}\frac{9}{20} & -\frac{3}{10\sqrt{2}}\\ \frac{9}{10\sqrt{2}} & -\frac{3}{10}\end{bmatrix},\quad H(3)=\begin{bmatrix}-\frac{1}{20} & 0\\ -\frac{1}{10\sqrt{2}} & 0\end{bmatrix}$$

2) GHM 多小波前置滤波器 $P_{re}(n)$ 和后置滤波器 $P_{ost}(n)$

$P_{re}(n)$：

$$P_{re}(0)=\begin{bmatrix}\frac{3}{8\sqrt{2}} & \frac{10}{8\sqrt{2}}\\ 0 & 0\end{bmatrix},\quad P_{re}(-1)=\begin{bmatrix}\frac{3}{8\sqrt{2}} & 0\\ 1 & 0\end{bmatrix}$$

$P_{ost}(n)$：

$$P_{ost}(1)=\begin{bmatrix}0 & 1\\ 0 & -\frac{3}{10}\end{bmatrix},\quad P_{ost}(0)=\begin{bmatrix}0 & 0\\ \frac{4\sqrt{2}}{5} & -\frac{3}{10}\end{bmatrix}$$

3) 实现与特性分析

图 2-2 是在 Matlab 7.0.0.19920 平台上实现的 GHM 多小波对 Lena 彩色图像进行一阶分解的实例，实现代码如下：

```
function b=GHM(a)
```

```
H0=[3/(5*sqrt(2)), 4/5;-1/20, -3/(10*sqrt(2))];
H1=[3/(5*sqrt(2)), 0;9/20, 1/sqrt(2)];
H2=[0, 0;9/20, -3/(10*sqrt(2))];
H3=[0, 0;-1/20, 0];
G0=[-1/20, -3/(10*sqrt(2));1/(10*sqrt(2)), 3/10];
G1=[9/20, -1/sqrt(2);-9/(10*sqrt(2)), 0];
G2=[9/20, -3/(10*sqrt(2));9/(10*sqrt(2)), -3/10];
G3=[-1/20, 0;-1/(10*sqrt(2)), 0];
% construct the W matrix
w=[H0, H1, H2, H3;G0, G1, G2, G3];
for i=1:N/2-1
W(4*(i-1)+1:4*i, 4*i-3:4*i+4)=w;
end
W=[W;[[H2, H3;G2, G3], zeros(4, 2*N-8), [H0, H1;G0, G1]]];
p=[];X=[];
% oversampling rows (repeated row preprocessing)
X(1:2:2*N, :)=a;X(2:2:2*N, :)=1/sqrt(2)*a;
% row transformation
z=W*X;
% row vector permutation
ii=0:4:2*N-1;jj=sort([ii+1, ii+2]);kk=sort([ii+3, ii+4]);
p=[p;z(jj, :);z(kk, :)];
aa=p';X=[];
% oversampling columns (repeated row preprocessing)
X(1:2:2*N, :)=aa;X(2:2:2*N, :)=1/sqrt(2)*aa;
% column transformation
z=W*X;
% column vector permutation
p=[];
ii=0:4:2*N-1;jj=sort([ii+1, ii+2]);kk=sort([ii+3, ii+4]);
p=[p;z(jj, :);z(kk, :)];
b=p';
% Coefficient permutation
b1=b(1:N, 1:N);b2=b(1:N, N+1:2*N);b3=b(N+1:2*N, 1:N);b4=b(N+1:2*N, N+1:2*N);
T=[b1(1:2:N, :);b1(2:2:N, :)]';b1=[T(1:2:N, :);T(2:2:N, :)]';
T=[b2(1:2:N, :);b2(2:2:N, :)]';b2=[T(1:2:N, :);T(2:2:N, :)]';
T=[b3(1:2:N, :);b3(2:2:N, :)]';b3=[T(1:2:N, :);T(2:2:N, :)]';
T=[b4(1:2:N, :);b4(2:2:N, :)]';b4=[T(1:2:N, :);T(2:2:N, :)]';
b=[b1, b2;b3, b4];
```

从图 2-2 可以看出，经过 GHM 多小波变换后，一阶最低分辨率子图(LL_1)的 4 个分量子图(LL_2、LH_2、HL_2和 HH_2)清晰可见。根据黄卓君等人的研究可知，GHM 多小波经过一次多小波变换后的能量分布如表 2-1 所示。

(a) Lena 原图

(b) GHM 多小波变换 Lena

LL_2	LH_2	LH_1
HL_2	HH_2	
HL_1		HH_1

(c) 多小波一阶分解区域示意

图 2-2　一阶 GHM 多小波分解实例

表 2-1　GHM 多小波变换的一阶能量分布

GHM 多小波变换 LL_1 子图像能量占图像总能量的百分比/%	LL_1 子图像各个分量的能量分布/%			
	LL_2	LH_2	HL_2	HH_2
97.31	44.76	21.80	22.24	11.20

4) GHM 多小波与信息隐藏算法设计思路

GHM 多小波的最低分辨率子图的 4 个分量的能量分布近似于 4.5：2.2：2.2：1.1，利用其能量分布特点进行算法设计，在中间能量区域(LH_2 和 HL_2)进行信息隐藏，而将高能量分量(LL_2)作为信息恢复和篡改判断单元，低能量分量(HH_2)作为篡改判断单元。这样的设计使得算法在不可见性、鲁棒性、抗分析性和嵌入容量上达到一个较为均衡的水平(详见 5.4 节)。根据信息隐藏算法(记作 GHM-CT)设计初期的实验，如果将主体信息隐藏到 LL_2 中，则算法在鲁棒性方面具有一定的优势，但在嵌入信息量和不可见性方面就略低于本书目前讲授的 GHM-CT 隐藏算法性能。本书基于 GHM 多小波变换的数字图像信息隐藏算法主要是根据一阶最低分辨率子图的能量分布进行基础设计的。

2. CL(Chui、Lian)多小波理论

通常一幅图像经过多小波变换后，绝大部分能量集中于最低分辨率子图，但经过 CL 多小波变换的图像而言，其最低分辨率子图的绝大部分能量又进一步集中于它的第一个分量上。

1) CL 多小波的 $L(n)$ 和 $H(n)$

$L(n)$：

$$L(0)=\begin{bmatrix}\frac{1}{2\sqrt{2}} & -\frac{1}{2\sqrt{2}}\\ \frac{\sqrt{7}}{4\sqrt{2}} & -\frac{\sqrt{7}}{4\sqrt{2}}\end{bmatrix},\quad L(1)=\begin{bmatrix}\frac{1}{\sqrt{2}} & 0\\ 0 & \frac{1}{2\sqrt{2}}\end{bmatrix},\quad L(2)=\begin{bmatrix}\frac{1}{2\sqrt{2}} & \frac{1}{2\sqrt{2}}\\ -\frac{\sqrt{7}}{4\sqrt{2}} & -\frac{\sqrt{7}}{4\sqrt{2}}\end{bmatrix}$$

$H(n)$：

$$H(0)=\begin{bmatrix}\frac{1}{2\sqrt{2}} & -\frac{1}{2\sqrt{2}}\\ -\frac{1}{4\sqrt{2}} & \frac{1}{4\sqrt{2}}\end{bmatrix},\quad H(1)=\begin{bmatrix}-\frac{1}{\sqrt{2}} & 0\\ 0 & \frac{\sqrt{7}}{2\sqrt{2}}\end{bmatrix},\quad H(2)=\begin{bmatrix}\frac{1}{2\sqrt{2}} & -\frac{1}{2\sqrt{2}}\\ \frac{1}{4\sqrt{2}} & \frac{1}{4\sqrt{2}}\end{bmatrix}$$

2）CL 多小波前置滤波器 $P_{re}(n)$ 和后置滤波器 $P_{ost}(n)$

$P_{re}(n)$：　　　　　　　　　　　　　　　　$P_{ost}(n)$：

$$P_{re}(0)=\begin{bmatrix}\frac{1}{4} & \frac{1}{4}\\ \frac{1}{1+\sqrt{7}} & -\frac{1}{1+\sqrt{7}}\end{bmatrix}\qquad P_{ost}(0)=\begin{bmatrix}2 & \frac{1+\sqrt{7}}{2}\\ 2 & -\frac{1+\sqrt{7}}{2}\end{bmatrix}$$

3）实现与特性分析

图 2－3 是在 Matlab 7.0.0.19920 平台上实现的 CL 多小波变换对 Lena 彩色图像进行一阶分解的实例。

(a) Lena 原图

(b) CL 多小波变换 Lena

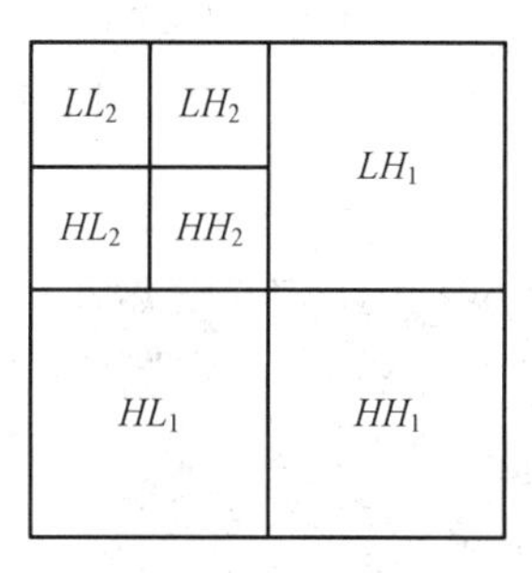

(c) 多小波一阶分解区域示意

图 2－3　一阶 CL 多小波分解实例

经过 CL 多小波变换后，LL_1 子图像的 4 个分量图只有 LL_2 清晰，占据了图像的主要能量。表 2－2 是 CL 多小波经过一阶变换后的能量分布。

表 2－2　CL 多小波变换的一阶能量分布

CL 多小波变换 LL_1 子图像能量占图像总能量的百分比/%	LL_1 子图像各个分量的能量分布/%			
	LL_2	LH_2	HL_2	HH_2
97.36	96.53	2.51	0.62	0.34

4）CL 多小波与信息隐藏算法的鲁棒性

CL 多小波变换的特点在于 LL_2 的高能量与 LH_2、HL_2、HH_2 低能量的对立分布，利用以上分布特性，在算法设计时选择在高能量背景下的低能量区域去实施具体的信息隐藏，在满足高能量分量子图的不可见性的前提下，使整个含密图像具有较强的鲁棒性（详见 5.2 节）。

3. CARDBAL2 二阶平衡多小波理论

Lebrun 等人构造了从一阶到四阶的平衡多小波。本书将应用二阶变换图像经过二阶平衡多小波（记作 CARDBAL2）变换后，能量不但汇聚在最低分辨率子图像上，而且还平均分布在最低分辨率子图像的 4 个分量上。

1）CARDBAL2 多小波 $L(n)$ 和 $H(n)$ 的确定

$L(n)$：

$$L(0)=\frac{1}{640}\begin{bmatrix}0 & -31+\sqrt{31}\\ 0 & -13+3\sqrt{31}\end{bmatrix},\quad L(1)=\frac{1}{640}\begin{bmatrix}93-13\sqrt{31} & 217+23\sqrt{31}\\ -1+\sqrt{31} & 11-11\sqrt{31}\end{bmatrix}$$

$$L(2)=\frac{1}{640}\begin{bmatrix}341-11\sqrt{31} & 23+7\sqrt{31}\\ 23+7\sqrt{31} & 341-11\sqrt{31}\end{bmatrix},\quad L(3)\equiv SH_1S,\quad L(4)\equiv SH_0S$$

$H(n)$：

$$H(0)=\frac{1}{320}\begin{bmatrix}0 & 46-6\sqrt{31}\\ 0 & 47-7\sqrt{31}\end{bmatrix},\quad H(1)=\frac{1}{320}\begin{bmatrix}22-2\sqrt{31} & -182+2\sqrt{31}\\ 9+\sqrt{31} & -159+9\sqrt{31}\end{bmatrix}$$

$$H(2)=\frac{1}{320}\begin{bmatrix}114+6\sqrt{31} & 114+6\sqrt{31}\\ 103+17\sqrt{31} & -103-17\sqrt{31}\end{bmatrix}$$

2）实现与特性分析

图 2-4 是 CARDBAL2 多小波对 Lena 彩色图像进行分解的实例，最低分辨率子图的 4 个分量，亮度较为平均且清晰可见。表 2-3 是经过 CARDBAL2 多小波变换后的能量分布。

(a) Lena 原图

(b) CARDBAL2 多小波变换 Lena

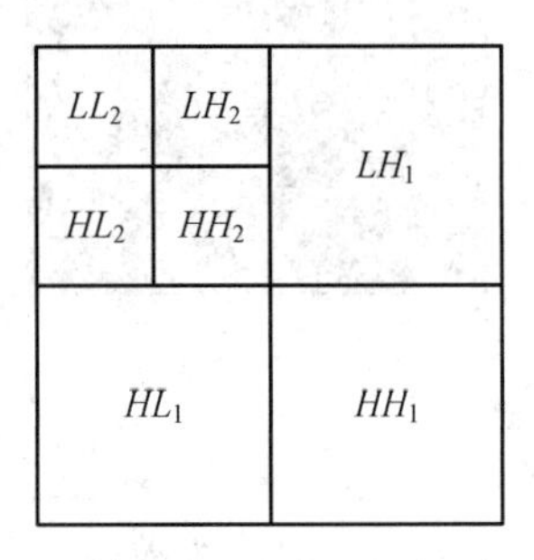

(c) 多小波一阶分解区域示意

图 2-4　CARDBAL2 多小波分解实例

表 2-3　CARDBAL2 多小波变换的能量分布

CARDBAL2 多小波变换 LL_1 子图像能量占图像总能量的百分比/%	LL_1 子图像各个分量的能量之比/%			
	LL_2	LH_2	HL_2	HH_2
97.70	25.88	24.15	25.55	24.42

3）CARDBAL2 多小波与信息隐藏算法性能的倾向性

CARDBAL2 多小波变换的最大特点在于 LL_2、LH_2、HL_2 和 HH_2 的能量接近，为信息隐藏算法提供了特性相近的多个区域。利用多个相同特性的区域，使算法很好地实现信息隐藏性能的要求，因为在以上能量和性质接近的多个隐藏区域中同时嵌入具有某种性能倾向的隐藏信息可以使算法在这种性能方面具有一定的优势(具体实例见 5.5 节)。

4. GHM、CL 以及 CARDBAL2 多小波的应用规律补充

本书将涉及到三种多小波变换，分别是 GHM 多小波变换、CL 多小波变换以及 CARDBAL2 多小波变换。其共同特点在于经过相应变换后，原图像的绝大部分能量都集中于最低分辨率的图像上，能量占有率均高于 97%，所以基于多小波变换的最低分辨率子图的应用规律主要有两个方面：

(1) 将信息隐藏到多小波变换的最低分辨率子图上，算法必然会具有一定的鲁棒性，根本原因在于多小波变换的最低分辨率子图汇聚了载体图像的主要能量，满足将信息隐藏到关键区域的鲁棒性要求。

(2) 多小波变换同时具有对称性、短支撑性和正交性特性，尤其是对称性(线性相位)较为符合人类视觉系统；正交性保持能量恒定；而短支撑性则可以避免因截断产生的误差，较好地促进变换与整体数据之间的联系。以上特性有助于提高信息隐藏算法的不可见性和抗分析性。

上述应用规律的讨论是在多小波一阶变换以及最低分辨率子图中进行的。多小波变换在信息隐藏算法中的应用还可以利用自身的多阶变换，或者利用不同的多小波变换去作用已经生成的多小波变换分量，且不局限于最低分辨率子图。例如，利用二阶 CL 多小波变换可以生成能量更加集中的信息隐藏区域，或者在 CL 一阶变换的 LL_2 分量上进行 CARDBAL2 多小波变换，可以将 LL_2 分量按照 CARDBAL2 多小波的性质平均分成 4 个二阶分量子图，算法设计可以在某种程度上继承 CL 与 CARDBAL2 多小波变换的应用规律和优势。

2.1.2 高斯金字塔理论在信息隐藏技术中的应用

高斯金字塔(Gaussian Pyramid，GP)是一种利用多分辨率解析图像的简单有效的结构。它利用高斯低通滤波器对图像进行滤波处理，得到频率逐渐降低的图像序列，并利用亚采样对序列中的图像像素进行隔行、隔列采样，得到尺寸递减且频率逐渐降低的图层结构。

图 2－5 所示的是 5 层高斯金字塔结构图，当原始图像 Lena(记为 G_0)通过 GP 运算后，可生成一系列频率与分辨率递减的图像 G_1、G_2、G_3、G_4。

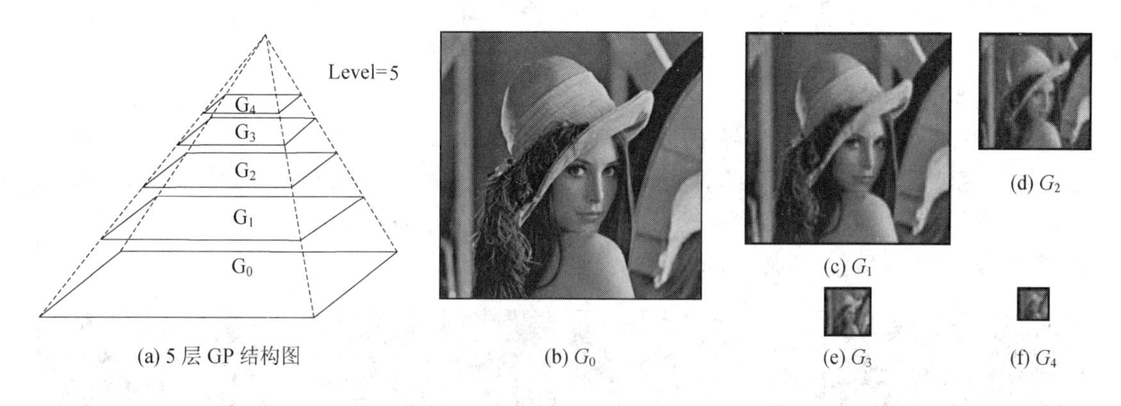

(a) 5 层 GP 结构图　(b) G_0　(c) G_1　(d) G_2　(e) G_3　(f) G_4

图 2－5　高斯金字塔结构图和 Lena 的 5 层 GP 图像

在高斯金字塔的分解图层中，底层是原始图像，其他各层图像均由式(2－1)迭代运算得到。

$$G_l(i,\ j)\sum_m\sum_n w(m,\ n)G_{l-1}(2l+m,\ 2j+n) \tag{2-1}$$

将式(2－1)简化为

$$G_l = \text{REDUCE}[G_{l-1}]$$

其中，l 代表金字塔层数，且 $0<l<N$，$w(m,\ n)$是高斯核函数。与拉普拉斯金字塔方法相比，高斯金字塔方法视觉效果佳且运算量小。

由图 2－5 和高斯金字塔原理得知，GP 图层中的图像能量随图层高度增加而逐渐集中，高层图像集中了原始图像的主要特征和大部分能量。GP 图层具有明显的能量差异性，信息隐藏可以利用不同层图像的能量差别，在其中嵌入不同性质倾向的信息隐藏数据或者参数，可以较为容易地实现信息隐藏的不可见性和鲁棒性。另外，应用高斯金字塔理论可以根据信息隐藏载体和应用背景的不同设定不同的图层数，以满足不同精确度的鲁棒性和不可见性要求。

2.1.3 颜色空间在信息隐藏技术中的应用

1. 颜色空间概述

为了使各种颜色表示能够按照一定的排列次序容纳在一个空间内，数字图像理论将 n 维坐标轴与颜色的 n 个独立参数对应起来，使每一个颜色都有一个对应的 n 维空间位置。反过来，在 n 维空间中的任何一点都代表一个特定的颜色，将这个 n 维空间称为颜色空间，现有颜色空间多以三维空间进行表示。颜色空间按照基本结构可以分两大类：基色颜色空间和色亮分离颜色空间。如图 2－6 是对现有的主要颜色空间分类进行总结。

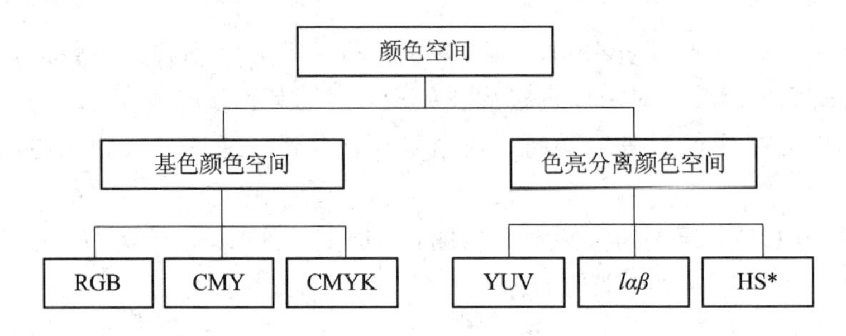

图 2－6　常见颜色空间分类

1）基色颜色空间

（1）RGB 颜色空间。自然界中所有的颜色都可以用红、绿、蓝（Red Green Blue，RGB）这三种颜色波长的不同强度组合而得，这就是人们常说的三原色原理。在数字图像中，对 RGB 三基色各进行 8 位编码就构成了大约 16.7 万种颜色，这就是我们常说的真彩色。图 2－7 是基于 RGB 颜色空间的 Lena 颜色分量分离示意图。

(a) RGB 原图　(b) R 分量　(c) G 分量　(d) B 分量

图 2－7　Lena RGB 颜色分量图

（2）CMY 颜色空间。源自 RGB 颜色空间，把红、绿、蓝三种基色交互重叠就产生了次混合色：青（Cyan）、洋红（Magenta）、黄（Yellow）。CMY 颜色空间广泛应用于印刷工业，

图 2-8 是 CMY 颜色空间的 Peppers 颜色分量分离示意图。

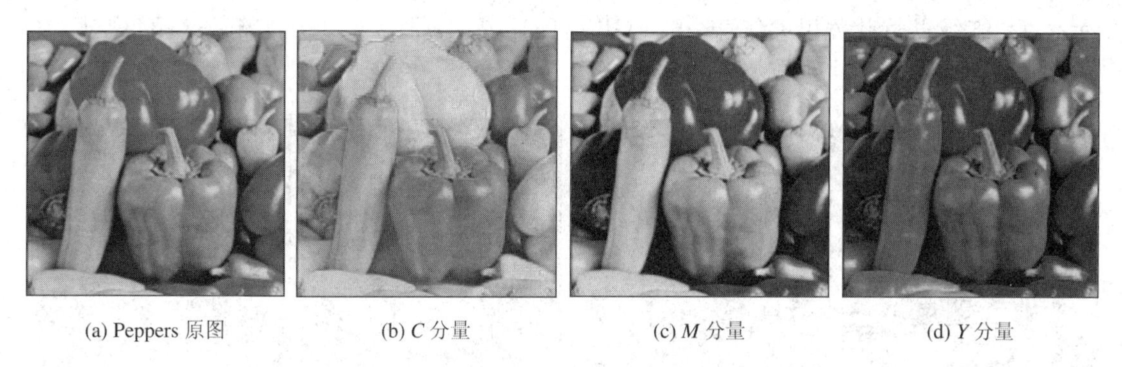

(a) Peppers 原图　(b) *C* 分量　(c) *M* 分量　(d) *Y* 分量

图 2-8　Peppers CMY 颜色分量图

(3) CMYK 颜色空间。广泛应用于印刷工业，一般采用青(C)、品(M)、黄(Y)、黑(BK)四色印刷，在印刷的中间调至暗调增加黑色，而这模型称之为 CMYK。图 2-9 是基于 CMYK 颜色空间的 Tom 颜色分量示意图。

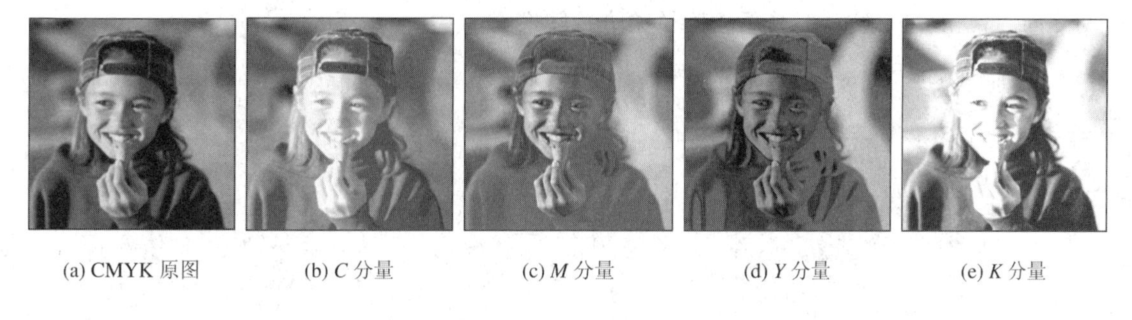

(a) CMYK 原图　(b) *C* 分量　(c) *M* 分量　(d) *Y* 分量　(e) *K* 分量

图 2-9　Tom CMYK 颜色分量图

2) 色亮分离颜色空间

(1) YUV 颜色空间。由亮度信号 Y、色差信号 U 和色度信号 V 组合而成，其中 Y 信号和 U、V 信号是分离的，Y 信号分量表示的是黑白灰度图，由 RGB 颜色空间按式(2-2)生成。色差 U、V 是由 RGB 变换后得出的 $B-Y$ 和 $R-Y$ 分量按不同比例压缩而成的。图 2-10 是基于 YUV 颜色空间的 Couple 颜色分量分解示意图。

$$Y=0.3R+0.59G+0.11B \tag{2-2}$$

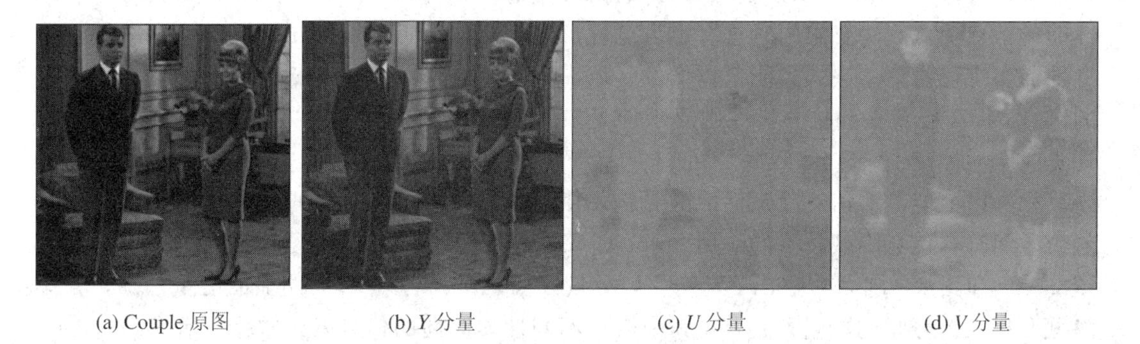

(a) Couple 原图　(b) *Y* 分量　(c) *U* 分量　(d) *V* 分量

图 2-10　Couple YUV 颜色空间分解图

(2) $l\alpha\beta$ 颜色空间。它是由 CIE(国际照明委员会)制定的一种色彩模式，l、α、β 分别表示亮度、红绿以及蓝黄相关信息，比 RGB 空间还要大。图 2－11 是基于 $l\alpha\beta$ 颜色空间的 Boboo 颜色分量分解示意图。

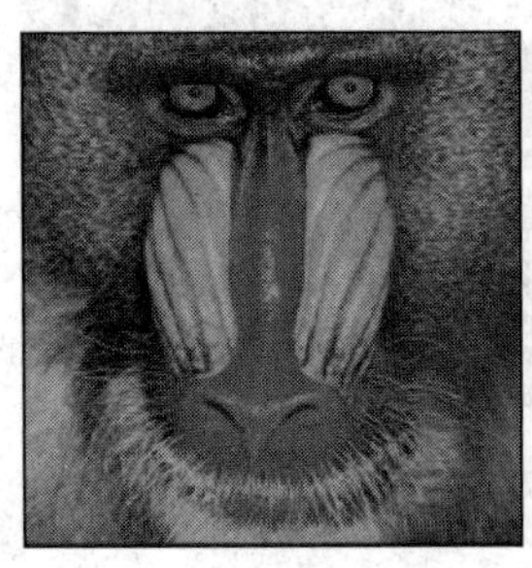

(a) Boboo 原图

(b) l 分量

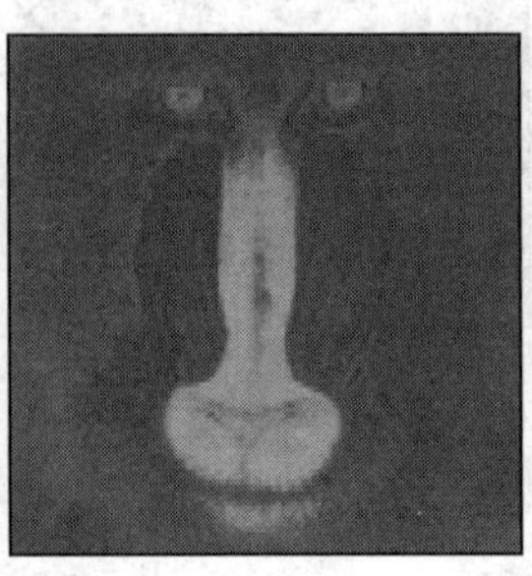

(c) α 分量

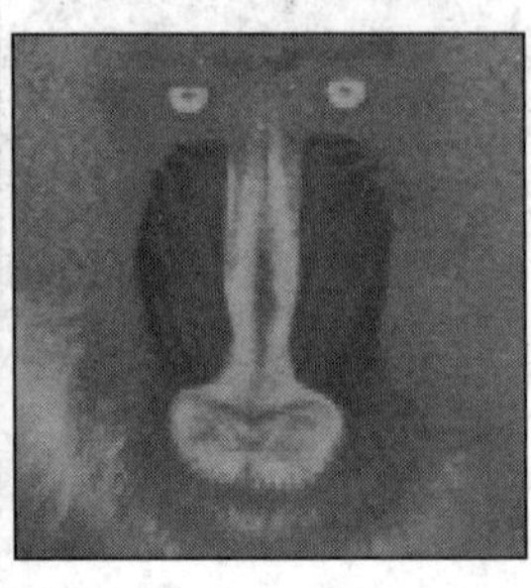

(d) β 分量

图 2－11　Boboo $l\alpha\beta$ 颜色空间分解图

$l\alpha\beta$ 颜色是由 RGB 三基色转换而来的，如式(2－3)所示，其他颜色空间与 $l\alpha\beta$ 颜色空间之间的转换可以由 RGB 作为中间桥梁进行转换。

$$\begin{bmatrix} L \\ M \\ S \end{bmatrix} = \begin{bmatrix} 0.3811 & 0.5783 & 0.0402 \\ 0.1967 & 0.7244 & 0.0782 \\ 0.0241 & 0.1288 & 0.8444 \end{bmatrix} \begin{bmatrix} R \\ G \\ B \end{bmatrix} \tag{2-3(a)}$$

$$L' = \log L, \quad M' = \log M, \quad S' = \log S \tag{2-3(b)}$$

$$\begin{bmatrix} l \\ \alpha \\ \beta \end{bmatrix} = \begin{bmatrix} \frac{1}{\sqrt{3}} & 0 & 0 \\ 0 & \frac{1}{\sqrt{6}} & 0 \\ 0 & 0 & \frac{1}{\sqrt{2}} \end{bmatrix} \begin{bmatrix} 1 & 1 & 1 \\ 1 & 1 & -2 \\ 1 & -1 & 0 \end{bmatrix} \begin{bmatrix} L' \\ M' \\ S' \end{bmatrix} \tag{2-3(c)}$$

2. 颜色空间在信息隐藏应用的原理说明

应用颜色空间技术的主要目的是生成具有能量(可见度或识别度)差异的颜色分量。在能量较高(即可见度或识别度高)的区域隐藏信息，具有强鲁棒性，但不可见性较差；反之，在能量较低(即可见度或识别度低)的区域隐藏信息，具有弱鲁棒性，但不可见性较好。高性能的信息隐藏算法要求同时具有不可见性、鲁棒性、容量性和抗分析性，所以满足不可见性需要将秘密信息嵌入到能量较低的区域，增强鲁棒性需要将秘密信息嵌入到能量较高的区域，提高容量性和抗分析性则要求能量较高和较低的区域具有“空间”大、弱相关性、视觉方向性等特性。

根据以上能量对信息隐藏性能的影响规律，以及具体颜色空间的分解实例，色亮分离颜色空间符合信息隐藏技术的应用要求，即 YUV 和 $l\alpha\beta$ 颜色空间符合应用要求。因为，从图 2－10 和图 2－11 可以看出，Y、U、V 分量以及 l、α、β 分量具有明显的能量差别，信息隐藏利用三个分量的能量差别，在其中嵌入不同性质倾向的信息隐藏数据或者参数，可以较为容易地实现信息隐藏的鲁棒性以及不可见性。本书将讲解应用 $l\alpha\beta$ 颜色空间进行信息隐藏的算法实例(详见 5.1 节)。另外，$l\alpha\beta$ 颜色空间在信息隐藏技术中的应用还有 4 个方面的优势，如表 2-4 所示。

表 2-4　$l\alpha\beta$ 颜色空间在信息隐藏技术中的应用优势

优　势	具 体 含 义
独立于设备	$l\alpha\beta$ 颜色空间是一种与光线和设备无关的颜色空间，是“独立于设备”的颜色模式，这使得基于 $l\alpha\beta$ 颜色空间的信息隐藏的应用具有对设备传输的天然免疫性，使算法在对抗“设备”攻击时具有较强的鲁棒性
颜色空间大	自然界中任何颜色都可以在 $l\alpha\beta$ 空间中表达出来，RGB 等颜色空间所描述的颜色在 $l\alpha\beta$ 空间中都能得以影射，这为信息隐藏提供了更大的操作空间，有利于信息隐藏的设计和预期性能的实现，即大空间可以为算法或系统的综合性能表现提供有利的支持
弱相关性	多数颜色空间存在很大的相关性，使得修改图像颜色时常常要对像素的各个分量同时进行修改才不会影响图像本身具有的自然效果。$l\alpha\beta$ 颜色空间基本消除 RGB 等颜色空间的强相关性，改变任意分量时无需考虑其他分量的变化，这在信息隐藏的应用中具有明显优势。因为信息隐藏必然涉及到改变，而如何满足“动一发而不动全身”则是信息隐藏技术的研究内容之一，$l\alpha\beta$ 颜色空间本身的特点就为此要求提供了良好的平台
转换效率高	$l\alpha\beta$ 颜色空间的处理速度与 RGB 颜色空间同样快，比 CMYK 颜色空间快很多，这符合信息隐藏技术在通信应用中的要求

3. RGB、CMYK 和 YUV 颜色空间在信息隐藏应用中的优劣势

根据颜色空间的定义可知，颜色表达与存储方式的不同决定了在信息隐藏技术中应用效果的不同。下面对 RGB、CMYK 以及 YUV 颜色空间在信息隐藏技术的应用优劣进行分析与总结，如表 2-5 所示。

表 2-5　RGB、CMYK 和 YUV 颜色空间在信息隐藏应用中的优劣势

颜色空间	具 体 含 义
RGB	RGB 颜色空间为与设备相关的颜色空间，如果信息隐藏传输过程有物理介质参与时必然会造成数据的破坏。所以，信息隐藏系统有设备参与时，则一定不考虑 RGB 颜色空间作为最终隐藏系数的调整对象。但是，RGB 颜色空间提取和修改最为容易，基于 RGB 的信息隐藏算法实现最为简单，在通信环节没有纸质等物理介质的参与，或者对鲁棒性与抗分析性没有过高要求的条件下，利用 RGB 进行信息隐藏与传输时较为合适
CMYK	由于 CMYK 颜色空间主要应用于印刷工艺，所以也称为与设备有关的颜色空间，在有设备环节的信息隐藏系统中，CMYK 颜色空间有明显的劣势。但 CMYK 较 RGB 的优势在于，它是基于 4 个颜色空间要素的颜色空间，这样可以给信息隐藏带来很大的“施展”空间。大空间为算法综合的性能表现提供了最为有利的支持
YUV	YUV 与 RGB 颜色空间有着一定的联系，但是在信息隐藏中的优势却明显优于 RGB 颜色空间，原因是 YUV 的颜色相关度远没有 RGB 颜色空间高。另外，亮度信号的分离可以方便地将空间影射到灰度图像，将算法的选择范围扩展到基于灰度图像或者二值图像的信息隐藏理论中

2.2 基于数字图像结构特性的信息隐藏区域

结构性是指对隐藏区域进行物理划分时所生成的具有一定形状和结构规律的区域，具体实现原则遵循整体结构划分理论以及内部结构划分理论。整体结构是指对信息隐藏区域的整体划分，决定了信息隐藏嵌入区域的能量以及嵌入信息的整体布局，关系到算法的整体性能。内部结构是对隐藏区域的二次划分，是对隐藏信息最终安排的一个设计，决定了信息隐藏性能是否可以按照预想的结果体现出来。

2.2.1 图像位平面理论在信息隐藏技术中的应用

图像位平面理论是根据数字图像在计算机中的存储情况而发展出来的，最典型的是在灰度图像的位平面分解，其中的每一像素的相同比特可以看作表示了一个二值的平面，称为位平面。

1. 灰度图像的位平面分解

位平面分解是最基本的数字图像处理方法。假定 $f_k(x, y)$是数字图像的第 k 个颜色通道的数据，如果具有 256 级灰度级别(即 2^8)，则可以分解为 8 个位平面，每个位平面都可以使用二值图像来表示，分解如式(2-4)所示。

$$f_k^b(x, y) = f_k(x, y) \& 2^i \quad (b = 0, \cdots, 7) \tag{2-4}$$

其中，$f_k^b(x, y)$是 $f_k(x, y)$的第 b 个位平面形成的二值图像。如图 2-12(a)所示的为 Lena 的 256 级灰度图像，图 2-12(b)～(i)即为 Lena 256 级灰度图像图的 8 个位平面分解图。

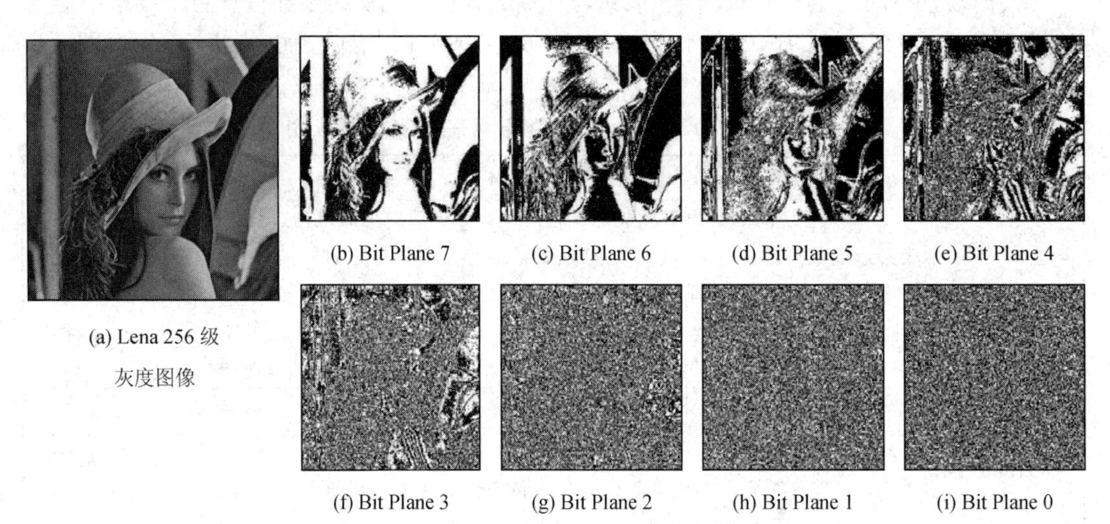

图 2-12　Lena 灰度图像的位平面分解图

2. RGB 图像的位平面分解

RGB 图像的位平面分解是灰度图像的位平面分解的扩展应用。R、G、B 分量均为灰度图像，则每一分量可以分解出 8 个位平面。如图 2-13～图 2-15 是 Lena RGB 颜色图像的位平面分解图。

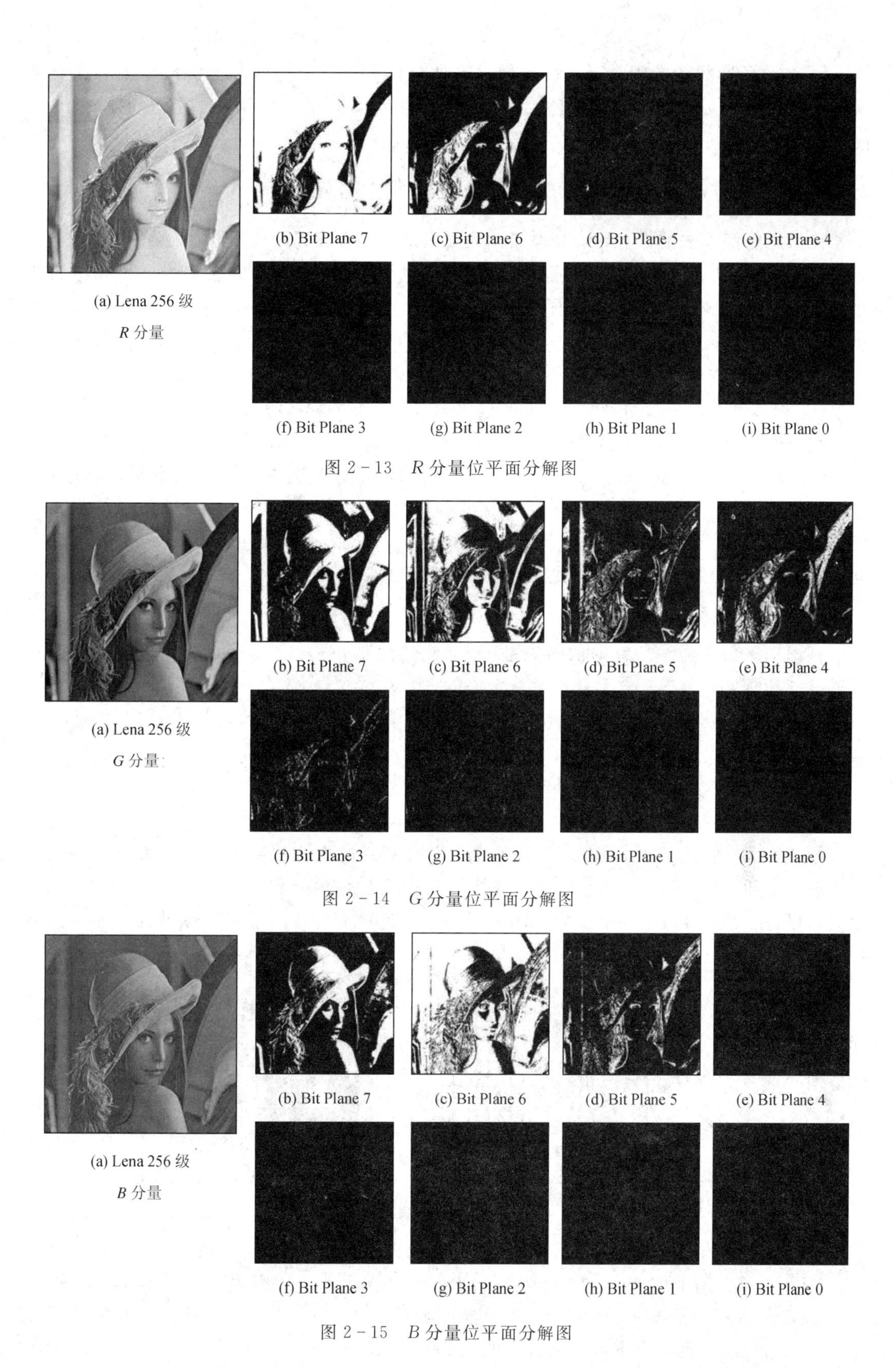

图 2-13 *R* 分量位平面分解图

图 2-14 *G* 分量位平面分解图

图 2-15 *B* 分量位平面分解图

RGB 颜色空间图像相对于灰度图像具有明显的容量优势，这对于信息隐藏的意义是重大的。在基于位平面理论的信息隐藏算法中，可以操作的空间大小直接决定算法的性能，增加操作空间可以为不可见性、鲁棒性和容量性提供有利的条件。

2.2.2 数字图像环形解析法在信息隐藏技术中的应用

在信息隐藏算法的设计中，对鲁棒性的要求最高，原因在于研究信息隐藏的目的是为了“掩人耳目”“瞒天过海”，而面对不可见性的信息隐藏载体图像，攻击者唯一可以做的就是无区分的进行破坏，致使秘密通信失败，所以保证算法的鲁棒性最为重要。基于目前信息隐藏算法的性能表现，鲁棒性攻击里最为致命的是旋转和剪切攻击。针对旋转攻击，最为有效的整体结构划分办法就是划分出环形隐藏区域去实施环形嵌入信息。而针对剪切攻击，最为有效的整体结构划分办法就是划分出具有对称性的隐藏区域去实施冗余嵌入信息。

数字图像环形解析法是本书讲解的另外一种新的、适用于信息隐藏技术的图像解析方法，包含三个关键步骤：① 确定解析圆环，即需要确定圆环宽度；② 确定环形扇区角度；③ 得出解析圆环(扇区)的特征数据。这里的特征数据可以是本区域的最低有效位(或其他位置)数据，也可以是本区域离散余弦变换后的变换系数，当然也可以是自定义的信息空间。信息隐藏算法就是通过修改特征数据来实现信息隐藏的。

1. 解析圆环和扇区的确定

环形扇区解析方法所针对的图像是正方形图像，假设边长为 D，生成环形以及划分扇区遵循 6 项规则，图 2－16 是环形解析定义的图示化。

规则 1：规定最外面的圆环内切于载体图像所构成的正方形，圆环记为 R_j，由外到内 j 值逐渐增大。

规则 2：圆环宽度为 w，如图 2－16(a)所示。

规则 3：圆环分割线宽度 d 为 1 个像素宽度。

规则 4：遵循“分割线内边界经过”原则，即分割线的内边界线经过的像素以及以内的像素属于本环。图 2－16(b)所示的是对载体图像进行圆环分割后的一个局部示意图，两条分割线可以将载体图像分出 3 个部分，即一个圆环(黑色表示)和剩余的两个区域(白色表示)。

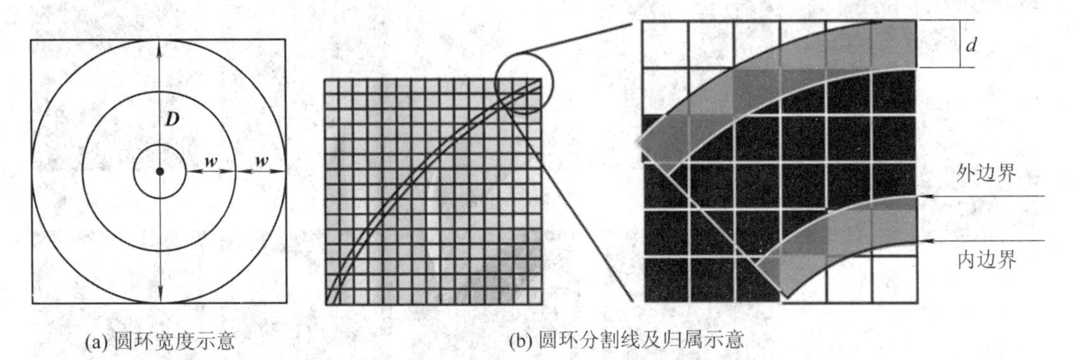

(a) 圆环宽度示意　　(b) 圆环分割线及归属示意

图 2－16　解析圆环实例

规则 5：确定扇区角度 α，得出扇区，如图 2－17(a)所示，r_{1i} 表示为 R_1 圆环的第 i 个扇区。

规则 6：每个扇区的值为本扇区内所有像素平均值，从 12 点方向按照顺时针顺序遍历，得到的 1 维数组即为本环内的解析值。如图 2－17(b)所示，当 $\alpha=45°$时，圆环 R_1 的解析数据为(r_{11}，r_{12}，r_{13}，r_{14}，r_{15}，r_{16}，r_{17}，r_{18})。

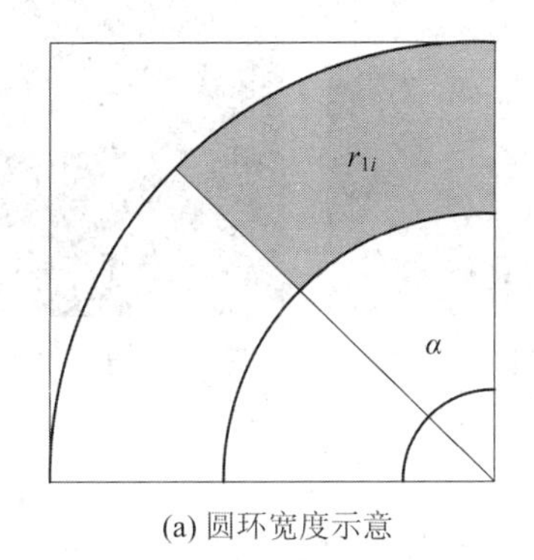

(a) 圆环宽度示意

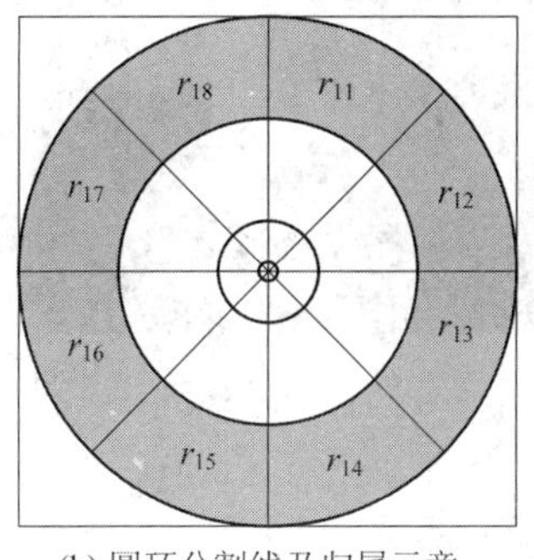

(b) 圆环分割线及归属示意

图 2-17　生成扇区以及解析示意

2. 有效解析环的筛检

根据信息隐藏技术不可见性、容量性、鲁棒性和抗分析性的基本要求，解析环是否可用主要是由解析圆环的纹理复杂度以及信息匹配度决定的，所以筛检可用环需要以下两个步骤：

(1) 环形复杂度。将圆环解析出的数据记作 $R=(r_n|n=1, 2, \cdots, 2\pi/\alpha)$，则定义这个圆环的复杂度判别如式(2-5)所示：

$$q=\frac{\left(\sum_{n=2}^{2\pi/\alpha} r_n - r_{n-1}\right)+(r_1 - r_{2\pi/\alpha})}{2\pi/\alpha} \tag{2-5}$$

其中，q 为圆环复杂度且精度受 α 的控制，α 是扇区角度，精度与 α 值呈反比。

(2) 匹配度判断。核心思想是将欲隐藏的信息置乱后与解析出的数据进行优化匹配，如果匹配结果仍然不理想，则舍弃。应用遗传算法进行最优调整。设 $C=(c_1, c_2, \cdots, c_n)\in(0, 1)$ 为欲隐藏的 0/1 信息，C 被某种置乱算法置乱后的信息记作 $C'(x, y)=(c_1', c_2', \cdots, c_n')\in(0, 1)$。$T=(t_1, t_2, \cdots, t_n)$ 为载体图像自身所具有的数据，$T'=(t_1', t_2', \cdots, t_n')\in(0, 1)$ 为 T 按照嵌入规则解析出的自身含有的数据。设 C' 与 T' 对应位相同的个数用 F 表示，利用优化算法使 F 尽量大，F 定义如式(2-6)所示：

$$F=\max\sum(t_n' \overline{\oplus} c_n') \tag{2-6}$$

已知最大相等位数、最大匹配度(即不需要修改位所占的比率的最大值)，由定义可知计算公式(2-7)：

$$f=\frac{F}{n} \tag{2-7}$$

2.2.3　数字图像颜色迁移理论在信息隐藏技术中的应用

1. 颜色迁移理论的概念

颜色迁移(Color Transfer，CT)是数字图像处理领域一个新兴的问题，简言之就是把一幅图像 A 的颜色信息转移到另一幅图像 B，使新生成的图像 C 既保存原图像 B 的形状信息，又具有图像 A 的色彩信息，如图 2-18 所示。

(a) 图像A(参考图像)

(b) 图像B(目标图像)

(c) 图像C(迁移图像)

图 2－18　颜色迁移应用示意

2. 颜色迁移的实现

颜色迁移理论从最初 Reinhard 提出基于空间各分量的颜色迁移算法到现在，经历了由整体迁移到引入各种局部判断方案，式(2－8)为 Reinhard 提出的颜色迁移方案：

$$\left.\begin{aligned} l^* &= \frac{\sigma l_c}{\sigma l_s}(l_s - \overline{l_s}) + \overline{l_c} \\ \alpha^* &= \frac{\sigma \alpha_c}{\sigma \alpha_s}(\alpha_s - \overline{\alpha_s}) + \overline{\alpha_c} \\ \beta^* &= \frac{\sigma \beta_c}{\sigma \beta_s}(\beta_s - \overline{\beta_s}) + \overline{\beta_c} \end{aligned}\right\} \tag{2-8}$$

其中，$\overline{l_c}$、$\overline{\alpha_c}$、$\overline{\beta_c}$和σl_c、$\sigma \alpha_c$、$\sigma \beta_c$分别是颜色图像 A 的 l、α、β 分量的均值、整体标准差。$\overline{l_s}$、$\overline{\alpha_s}$、$\overline{\beta_s}$和σl_s、$\sigma \alpha_s$、$\sigma \beta_s$分别是形状图像 B 的 l、α、β 分量的均值、整体标准差。l^*、α^*、β^* 为新合成图像 B'的 l、α、β 分量的值，式中将两幅图像的整体标准差比值作为形状图像每个 l、α、β 分量值偏差 $X-\overline{X}$的变比系数，使形状图像 B 获得颜色图像的整体颜色变化信息，再加上颜色图像 A 的 $l\alpha\beta$ 均值，然后求得新的数据值 l^*、α^*、β^* 赋给目标图像 B'。最后，将 B'从 $l\alpha\beta$ 空间转换回 RGB 色彩空间。

3. 应用详述

根据颜色迁移的基础理论和实现方法，颜色迁移理论在信息隐藏技术中的应用主要集中在两个方面：(1) 颜色迁移理论运用的 $l\alpha\beta$ 颜色空间；(2) 运用颜色迁移公式对数据进行修改，达到信息隐藏的目的。

1) $l\alpha\beta$ 颜色空间在信息隐藏中的应用

在视觉感知中，颜色是最重要的视觉信息之一。有多种方法可以描述和改变图像颜色，但因一幅图像的像素值在大多数颜色空间里存在很大的相关性，这种相关性使得修改图像颜色时，常常要对像素的各个分量同时进行修改才不会影响图像本身具有的自然效果。

$l\alpha\beta$ 颜色空间最大优势在于基本消除颜色分量的强相关性，使得改变任意分量值无需考虑其他分量，这样的特性使得改变分量所需的“代价”大大降低。在基于图像的信息隐藏技术中应用 $l\alpha\beta$ 颜色空间在于由嵌入信息而改变的颜色分量不会对其他分量产生影响。

2) 颜色迁移在信息隐藏中的应用

颜色迁移公式最初的应用当然是进行颜色改变，但由于自身图像的均值和整体标准差十分接近，所以在同一幅图像内部进行颜色迁移变换不会对图像本身有较大的影响，在同一幅图像内部实现颜色迁移(信息嵌入)，符合嵌入系统对信息的隐藏要求。

颜色图像 A 和结构图像 B 的选取是颜色迁移理论在信息隐藏技术中的应用关键，选取必须遵循以下两个原则，如表 2-6 所示。

表 2-6　颜色迁移理论在信息隐藏技术中的应用原则

原则名称	具体含义
就近或部分交叉原则	基于颜色迁移理论的信息隐藏必将要改变载体图像的颜色信息，而就一般风格的图像来说，越是空间位置相近的区域颜色信息越为接近，迁移后的颜色修改幅度越小，所以选取颜色图像（图像 A）和结构图像（图像 B）的原则之一为：选取图像要就近或者部分区域交叉，即在基于颜色的空间位置上越接近越好
AB 图像缩小原则	因为图像在越小的范围内改变越小，特性越为接近，迁移后的颜色特性改变越小，所以选取颜色图像（图像 A）和结构图像（图像 B）的原则之二为：选取的 AB 图像本身应该在信息隐藏区域的空间域范围内尽量缩小面积

以上两个选取原则不仅满足了信息隐藏应用的不可见性要求，而且图像的交叉以及范围的缩小增加了信息隐藏区域，提高了信息隐藏量，有效地解决了不可见性和嵌入信息量的对立问题。

2.3　基于数字图像复杂度特性的信息隐藏区域

在基于数字图像的信息隐藏应用中，复杂度的概念包含隐藏区域的提取复杂度和图像纹理复杂度。隐藏区域的提取复杂度是指经过数字图像处理后得出适合信息隐藏的区域的复杂程度，生成过程要综合考虑图像处理的复杂程度和最终的应用效果。图像纹理复杂度则容易理解，指的是图像表象所体现出的画面复杂程度，图像复杂度主要与人类视觉系统有关，满足系统的不可见性和嵌入信息量要求。由于人眼对图像平滑区噪声敏感而对纹理复杂区噪声不敏感，所以纹理复杂的区域较为容易隐藏更多的信息，也就更容易达到不可见性。

2.3.1　广义位平面法

目前，基于灰度图像的位平面分解复杂度较低，已经不能满足现在的应用要求，而彩色图像的位平面分解依然是基于 RGB 等常用颜色空间的单独颜色分量，虽具有较高的嵌入信息量，但基于传统分量的位平面分解算法在抗分析性上具有一定的劣势。本书对提取复杂度进行讲授，对图像位平面分解方法进行扩展，介绍广义位平面方法，为基于数字图像的信息隐藏技术提供更多解决方案。

广义位平面方法主要是对传统位平面方法中的位平面分解对象进行扩展。广义位平面方法的分解对象不仅仅局限于单个颜色分量，而是可以由任意几个颜色分量组合而成；广义位平面方法不仅仅局限于按照整体分量的数据进行删除与组合，而是可以在不同分量中进行数据的抽取与保留，然后按照一定的规则生成位平面分解的对象。传统位平面方法是广义位平面方法的一个特例。

根据广义位平面方法的定义，分解步骤共有 4 步，如图 2-19 所示。

(1) 按照图像的颜色空间表示方法，分解出各个颜色分量。

(2) 按照一定的方式抽取与组合各颜色分量数据，得到广义位平面法分解对象的基本数据。

(3) 按照广义位平面法分解对象的基本数据，对各个分量进行可视化转换，生成广义

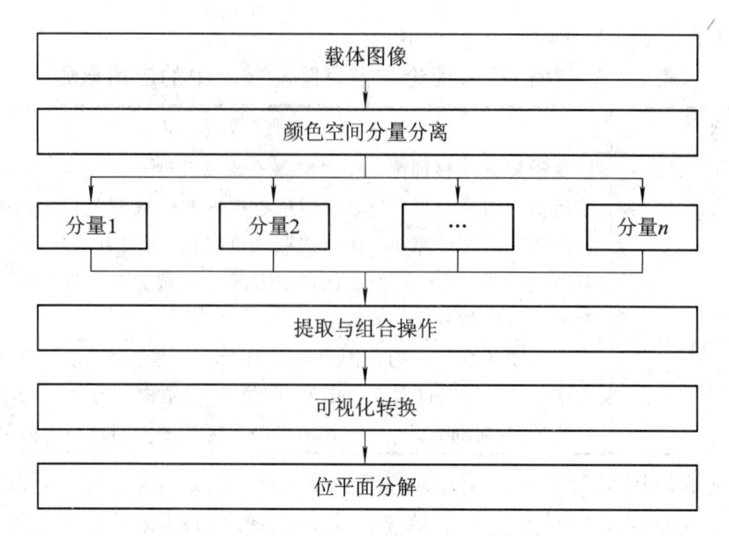

图 2-19　广义位平面方法的分解步骤

位平面方法的最终分解对象。

(4) 对生成的广义位平面分解对象进行位平面分解(传统位平面分解)。

2.3.2　纹理(复杂度)的判别

纹理是判断图像自身复杂度的最重要的衡量指标，对于信息隐藏技术研究而言，研究的重点是如何清楚地判断数字图像以及信息隐藏嵌入区域的纹理。基于计算机的隐藏信息均为0/1数据，按照一定的方法排列遍历即为二值图像，源自二值图像思想，本书定义一种基于0/1数据($n\times n$大小的二值图像数据)的纹理判别公式：

$$w=\frac{\sum_{i=0}^{n-1}\sum_{j=0}^{n-1}f(i,\ j)\oplus f(i+\mu,\ j\pm\eta)}{2n^2} \tag{2-9}$$

其中，μ，$\eta\in\{1,\ 2,\ \cdots,\ k\}$，$k=[(n-1)/2]$，$f(i,\ j)$为$n\times n$像素块(0/1数据)中相对坐标为$(i,\ j)$处的像素值。$\mu$和$\eta$为纹理密度解析参数，它们的取值与纹理解析密度成反比。通常$\mu=1$和$\eta=1$时，对二值图像的纹理解析最为准确。

本 章 习 题

1. 信息隐藏区域的概念是什么？

2. 信息隐藏嵌入区域与规则之间的关系是什么？各自处在算法中的那个环节？

3. 数字图像嵌入区域环境的主要参数包括哪些？

4. 简述GHM多小波、CL多小波、CARDBAL2二阶平衡多小波在信息隐藏算法设计中的应用原理。

5. 简述高斯金字塔理论在信息隐藏算法设计中的应用原理。

6. 简述颜色空间理论在信息隐藏算法设计中的应用原理。

7. 简述$l\alpha\beta$颜色空间在信息隐藏技术中的应用优势。

8. 简述颜色迁移理论在信息隐藏技术中的应用原则。

第三章　基于三维模型的信息隐藏区域

相比数字图像，三维模型的输入设备、表示形式和数据量等都有很大区别，这使得基于三维模型的信息隐藏技术比基于数字图像的信息隐藏技术更为复杂。同样，在基于三维模型的信息隐藏技术中，隐藏区域的概念也不仅仅是指信息隐藏的具体空间位置，而是指隐藏区域的整个环境。三维模型隐藏区域环境的主要衡量标准依然包括能量性以及结构性，这是基于三维模型的信息隐藏区域选择必须考虑的问题，这些特性会直接影响信息隐藏算法的不可见性、鲁棒性和容量性。当前，基于三维模型的信息隐藏技术研究较少，且大多研究选择某些不变量以针对特定的攻击具有鲁棒性，如选择仿射不变量作为隐藏区域可抵抗仿射变换攻击；如果选择空域中的曲率和粗糙度、频域的球面参数化等要素作为信息隐藏的修改量，则可抵抗平滑攻击等，也可满足一定的不可见性。能量特性对数字图像信息隐藏算法性能的影响在第二章中已经提到，而对于三维模型信息隐藏算法的性能影响也依然适用。本章根据信息隐藏技术与三维模型能量特性和结构特性的关系，介绍与能量特性和结构特性相关的三维模型信息隐藏的基础理论。

3.1　基于三维模型能量特性的信息隐藏区域

能量特性是三维模型信息隐藏区域选择所必须考虑的问题，与算法的不可见性和鲁棒性有密切关系。现有关于能量特性区域的算法主要是基于载体小波域分解、网格频谱分析、Laplace 谱压缩等的能量特性来实现信息隐藏，比如经过 DCT 变换后的载体包括直流分量和交流分量两部分。直流分量即低频分量，包含了载体的大多数能量，被用来嵌入信息；交流分量即中高频分量，则不嵌入任何信息，或者利用 DWT 和 DFT 的低频系数嵌入信息，高频系数不嵌入。这类算法的能量性区域划分不够细致，不能充分利用区域的能量特性来满足算法的鲁棒性和不可见性。本节根据信息隐藏技术与三维模型能量特性的关系，介绍与三维模型能量相关的三维模型信息隐藏领域的局部高度理论、Mean Shift 聚类分析理论。

3.1.1　局部高度理论

曲率就是针对曲线上某个点的切线方向角对弧长的转动率，通过微分来定义，表明曲线偏离直线的程度，是数学上表明曲线在某一点的弯曲程度的数值。曲率越大，表示曲线的弯曲程度越大。作为传统的显著性度量方法，曲率只能反映某点所在位置的弯曲程度，与人类视觉特性具有很大程度上的不一致性。根据 HVS 特性，顶点 v 的视觉重要性取决于它的凸起度。如图 3-1 所示，点 1 和点 4 的曲率比点 2、点 3、点 5 和点 6 都高，但是人的视觉感受授予点 2、点 3、点 5 和点 6 更高的重要性，而非点 1 和点 4。

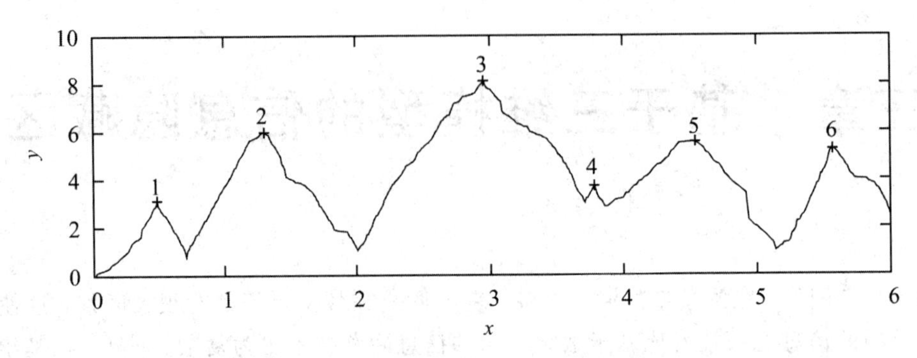

图 3-1 曲率与视觉感的不一致性

局部高度(Local Height，LH)是一种新的显著性度量方法，用来测量某点的凸起程度，在特征点检测方面优于传统的曲率概念。设定 v 的 R -邻居点集合为 $N_R(v)$，缩写为 N_R，则点 v 的局部高度由式(3-1)计算得出，其中 C 为 N_R 中顶点所关联面片的面积和。

$$N_R(v)=\frac{8}{C^2}\left\{\frac{\sum_{V'\in N_R}h(v,v')\cdot S[h(v,v')]}{\sum_{V'\in N_R}S[h(v,v')]}+\frac{\sum_{V'\in N_R}h(v,v')\cdot S[-h(v,v')]}{\sum_{V'\in N_R}S[-h(v,v')]}\right\} \tag{3-1}$$

3.1.2 Mean Shift 聚类分析理论

Mean Shift 本质上是一种根据梯度上升进行自适应点搜索的方法，可用于对模型表面顶点的局部高度进行聚类分析。设 $\{x_i|i=1,2,\cdots,n\}$ 为 d 维欧氏空间 R^d 中的 n 个点组成的随机序列。利用核函数 $K(x)$ 进行多元核密度估计，且窗口宽度为 h，顶点 x 的多元核密度函数 $\hat{f}(x)$ 通过式(3-2)计算得到：

$$\hat{f}(x)=\frac{1}{nh^d}\sum_{i=1}^{n}K\left(\frac{x-x_i}{h}\right) \tag{3-2}$$

产生最小均方误差 MISE 的最优核函数为 Epanechnikov，如式(3-3)所示，其中 c_d 是 d 维球的体积。

$$K_E(x)=\begin{cases}\frac{1}{2}c_d^{-1}(d+2)(1-x^{\mathrm{T}}x) & x^{\mathrm{T}}x<1\\ 0 & \text{其他}\end{cases} \tag{3-3}$$

核密度估计函数定义为

$$\hat{\nabla}f(x)\equiv\nabla\hat{f}(x)=\frac{1}{nh^d}\sum_{i=1}^{n}\nabla K\left(\frac{x-x_i}{h}\right) \tag{3-4}$$

结合 Epanechnikov 核函数，得到新的密度梯度估计函数：

$$\begin{aligned}\hat{\nabla}f(x)&=\frac{1}{n(h^d c_d)}\frac{d+2}{h^2}\sum_{x_i\in S_h(x)}[x_i-x]\\&=\frac{n_x}{n(h^d c_d)}\frac{d+2}{h^2}\left(\frac{1}{n_x}\sum_{x_i\in S_h(x)}[x_i-x]\right)\end{aligned} \tag{3-5}$$

其中 $S_h(x)$ 是中心位于 x，体积为 $h^d c_d$，半径为 h 的超球面，包含 n_x 个数据顶点。

最终计算 Mean Shift 的公式为

$$M_h(x) \equiv \frac{1}{n_x} \sum_{x_i \in S_h(x)} [x_i - x] = \frac{1}{n_x} \sum_{x_i \in S_h(x)} x_i - x \tag{3-6}$$

对于给定阈值 t，若 $|M_h(x)| < t$，则 x 收敛于局部极大值或局部极小值。

下面形象的给大家说明 Mean Shift 聚类分析理论，主要分为三个步骤：

（1）在 d 维空间中，任选一个点，然后以这个点为圆心、h 为半径做一个高维球（因为有 d 维，d 可能大于 2，所以是高维球）。落在这个球内的所有点和圆心都会产生一个向量，向量是以圆心为起点，落在球内的点为终点。把这些向量都相加，相加的结果就是 Mean Shift 向量，如图 3－2 所示，其中粗箭头就是 Mean Shift 向量。

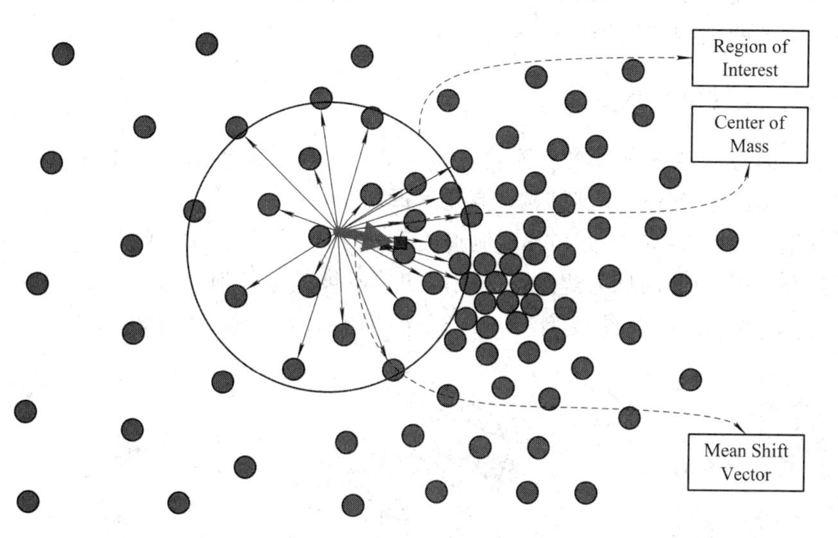

图 3－2　Mean Shift 聚类示意

（2）再以 Mean shift 向量的终点为圆心，再做一个高维的球，如 3－3 图所示。重复以上步骤，就可得到下一个 Mean Shift 向量。

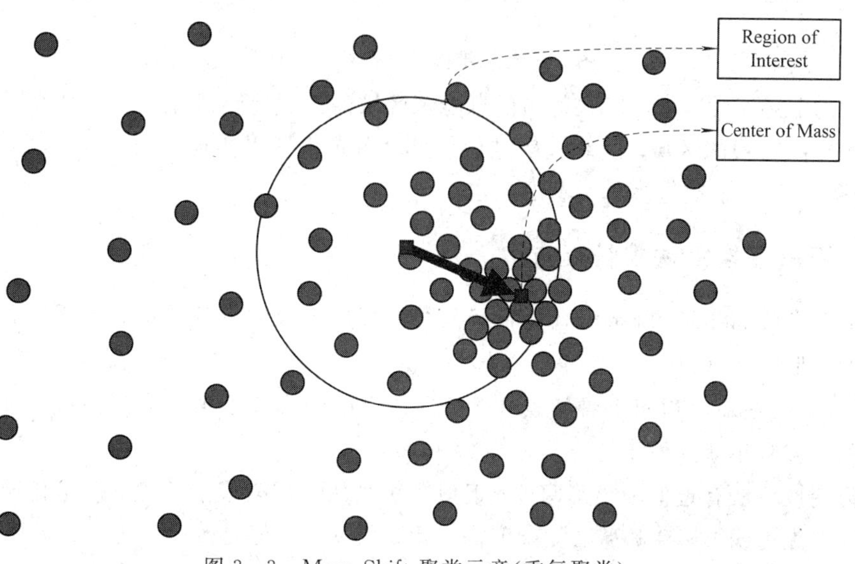

图 3－3　Mean Shift 聚类示意(重复聚类)

(3) 如此重复下去，Mean Shift 算法可以收敛到概率密度最大的地方，也就是最稠密的地方。

3.2 基于三维模型结构特性的信息隐藏区域

空间域算法通过改变三维模型几何属性、三维模型或面片集的法向量及利用三维模型的属性信息和冗余性来隐藏信息。可用于隐藏信息的几何属性包括顶点坐标、顶点到参考点(线)的距离、顶点在其一环邻居中的位置、距离比或体积比以及局部几何体素和全局几何体素。可见，空间域算法中大多是利用载体的结构特性作为隐藏区域的。以下是两种可用于载体预处理的结构特性理论。

3.2.1 三维模型骨架理论

骨架是物体形状的一种优良的简化表示形式，能够保留与原始物体相同的形状信息和拓扑特征，比如连通分区、分支结构、洞或者凹陷等等。

三维骨架的定义最初来自 Blum，他首先给出了三维骨架的定义：原始物体 V 的骨架由 V 内所有最大内切球的球心组成。最大内切球不被其他任何 V 中的球所包含，并且至少有两点与物体边界相切。三维模型 Bunny 骨架的切面示意图，如图 3-4 所示。

(a) Bunny

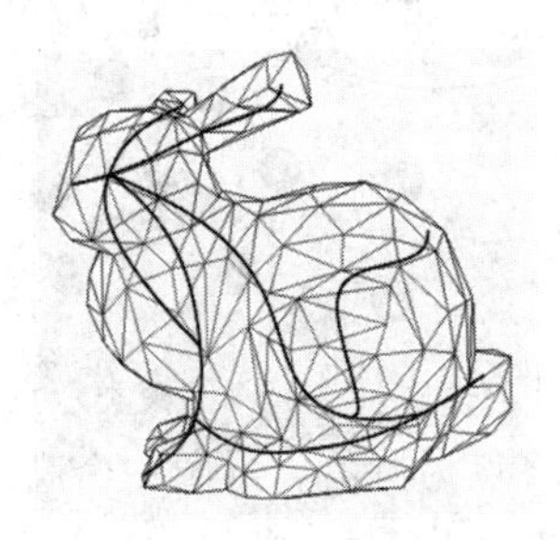
(b) Bunny 骨架抽取

(c) Bunny 骨架切面图

图 3-4　三维模型骨架切面示意图

骨架的上述特性，也可以映射到信息隐藏区域的能量特性理论中，可以解析为能量最集中即鲁棒性最强的区域。围绕骨架进行信息隐藏不仅可以实现较强的鲁棒性，还可以显著抵抗旋转、均匀缩放等多种类型的攻击。

3.2.2 距离变换算法求骨架点

距离变换(Distance Transform，DT)是图形分析领域的一种基本研究手段，其定义是空间内的图形 A，$A\subset R^n$，$\overline{A}=\{x|x\notin A, x\in R^n\}$，$A$ 内任一点 p 的距离变换值 $DT(p)=\min\{d(p, q)|q\in\overline{A}\}$。以每个骨架点为圆心、该点的距离变换值为半径画圆，所有这些图所覆盖的区域全集就是原始图形。

距离变换算法有近似和精确两种。近似算法虽然实用且发展成熟，但是扩展到三维领域后其误差更为明显；精确算法复杂度高、计算效率低，但是 Saito 和 Toriwaki 提出的算法对复杂度有较大的改进。

设三维体素图形 A 用三维几何 F 表示，其中，$f_{ijk}=\begin{cases}1 & (i, j, k)\in A \\ 0 & (i, j, k)\notin A\end{cases}$，则

$$F=\{f_{ijk} \mid 1\leqslant i\leqslant L, 1\leqslant j\leqslant M, 1\leqslant k\leqslant N\} \tag{3-7}$$

(1) 计算图形内点沿 i 轴到边界的最小距离，由集合 F 生成集合 G，即

$$G=\{g_{ijk} \mid 1\leqslant i\leqslant L, 1\leqslant j\leqslant M, 1\leqslant k\leqslant N\} \tag{3-8}$$

其中，$g_{ijk}=\min\{(i-x)^2 \mid f_{xjk}=0, 1\leqslant x\leqslant L\}$。这一步计算了每个点与跟它在同一 i 轴上的所有背景点的距离，取得其中的最小值。该步骤的实现过程只需要一对顺序搜索和逆序搜索即可完成，每个点只需进行两个基本操作。

(2) 计算点在 ij 平面上到边界的最小距离，由集合 G 生产集合 H：

$$H=\{h_{ijk} \mid 1\leqslant i\leqslant L, 1\leqslant j\leqslant M, 1\leqslant k\leqslant N\} \tag{3-9}$$

其中，$h_{ijk}=\min\{g_{ijk}+(j-y)^2 \mid 1\leqslant y\leqslant M\}$。点 $P(i, j, k)$到 $j=y$ 线上背景点的最小距离是 $g_{ijk}+(j-y)^2$。而点 P 在过自身与 x 轴平行的线上到边界的最小距离是 g_{ijk}，所以若 $(j-y)^2>g_{ijk}$，$g_{iyk}+(j-y)^2$ 必须不到最小值，因此 h_{ijk} 的比较次数能够进一步减少。$h_{ijk}=\min\{g_{iyk}+(j-y)^2 \mid (j-y)^2<g_{ijk}\}$。将比较次数由 M 次降为 $\left|2\sqrt{g_{ijk}}\right|$ 次。

(3) 计算点在三维空间到边界的最小距离，由集合 H 生成集合 S(这一步道理与第二步相似)，即

$$S=\{s_{ijk} \mid 1\leqslant i\leqslant L, 1\leqslant j\leqslant M, 1\leqslant k\leqslant N\} \tag{3-10}$$

其中，$s_{ijk}=\min\{h_{ijs}+(k-z)^2<h_{ijk}\}$。

由上面分析可知，该算法对于图形内的每个点要进行三步操作：第一步的运算次数是 2，第二步的运算次数 $\left|2\sqrt{g_{ijk}}\right|$，第三步的运算次数是 $\left|2\sqrt{h_{ijk}}\right|$，即每个点的运算次数是 $(2+\left|2\sqrt{g_{ijk}}\right|+\left|2\sqrt{h_{ijk}}\right|)$。粗略地看，此式应该与该点的距离变换值成比例关系，距离变换值与图形的边长成比例关系。因此对于边长为 n 的三维图形，该算法的复杂度应为 $O(n^4)$。而如果没有采用此算法，而是直接比较每个点与图形内的所有点判断最大球，则复杂度将是 $O(n^6)$。

本章习题

1. 简述局部高度理论。
2. 简述 Mean Shift 聚类分析理论。
3. 简述三维模型骨架理论。

第四章　基于数字图像与三维模型的信息隐藏嵌入规则

信息隐藏嵌入规则决定信息隐藏的性能，本章对信息隐藏规则的讲解重点集中在基于隐藏信息与隐藏载体的匹配度以及隐藏载体的解析两个方面，即通过隐藏信息、载体自身数据对比和优化以及隐藏数据转换为思想设计信息隐藏规则。

4.1　基于匹配度的信息隐藏规则

隐藏信息量的大小是影响信息隐藏性能最为关键的因素。信息隐藏技术中所讨论的不可见性、鲁棒性和抗分析性的问题都是在信息量相对较大的情况下产生，所以本节学习的目的旨在减小信息量，提出基于提高匹配度的信息隐藏嵌入规则，对载体和欲隐藏的信息进行相关预处理后，使载体自身具有的信息与欲隐藏的信息达到最大程度的一致，从而减少了对载体的修改。匹配度规则的最终作用是相对减少了隐藏信息量。

4.1.1　提高匹配度的相关技术

基于提高匹配度的信息隐藏嵌入规则中，载体是指根据信息隐藏算法生成的信息隐藏嵌入区域，对其进行处理的目的是改变自身所包含的信息，然而以上改变是不能直接根据信息隐藏算法进行修改(直接修改等于进行信息隐藏操作)，唯一可行的办法是对信息隐藏区域内部进行位置的调整，使自身所含信息发生变化，调整到与欲隐藏的信息达到最大的一致性，实现载体隐藏区域位置调整的相关技术。另外，对隐藏信息进行改变(优化)可以是信息先后顺序的改变或者是按照一定规则进行信息内容的改变，其中置乱和混沌映射是较好的信息处理方法。综上所述，信息隐藏优化嵌入规则的实现主要是依靠置乱技术。

目前，应用最广泛的置乱方法有基于像素变换的图像置乱和基于迭代的图像置乱。在基于像素变换的置乱方法中，混沌映射置乱在基于数字图像的信息隐藏应用中效果最好；在基于迭代的图像置乱中，位置变换的图像置乱方法是目前信息隐藏技术研究的重点，分类如图 4-1 所示。

根据已有理论对置乱算法的性能评价，适合信息隐藏技术且性能较好的算法有 Arnold 变换、亚仿射变换、幻方变换、Hilbert 曲线、骑士巡游以及混沌序列变换。

1. Arnold 变换

Arnold 变换算法简单且置乱效果显著，在嵌入信息为数字图像时可以很好的应用。

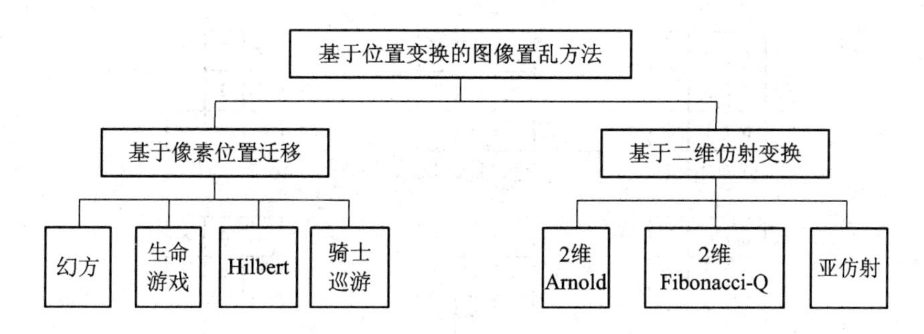

图 4-1　信息隐藏技术主要应用的置乱方法(基于位置变换)

Arnold 变换的定义如式(4-1)所示：

$$\begin{bmatrix} x' \\ y' \end{bmatrix} = \begin{bmatrix} 1 & 1 \\ 1 & 2 \end{bmatrix} \begin{bmatrix} x \\ y \end{bmatrix} (\bmod N) \quad x, y \in [0, 1, \cdots, N-1] \tag{4-1}$$

其中，(x, y)是像素在原图像的坐标，(x', y')是变换后该像素在新图像的坐标，N 是数字图像矩阵的阶数(即图像的大小，一般考虑正方形图像)。利用 Arnold 变换对图像进行置乱使有意义的数字图像变成像白噪声一样的无意义图像，实现了信息的初步加密和信息结构的调整，并且置乱次数可以为嵌入系统提供密钥，从而增强了系统的安全性和保密性。

2. 亚仿射变换

仿射变换的一般形式如式(4-2)所示：

$$\begin{bmatrix} x' \\ y' \end{bmatrix} = \begin{bmatrix} a & b \\ c & d \end{bmatrix} \begin{bmatrix} x \\ y \end{bmatrix} + \begin{bmatrix} e \\ f \end{bmatrix} \tag{4-2}$$

将式(4-2)改写成式(4-3)：

$$\begin{bmatrix} x' \\ y' \\ 1 \end{bmatrix} = \begin{bmatrix} a & b & e \\ c & d & f \\ 0 & 0 & 1 \end{bmatrix} \begin{bmatrix} x \\ y \\ 1 \end{bmatrix} \tag{4-3}$$

当式(4-2)是离散点域到其自身的单映射且式(4-3)是离散点域到其自身的满映射时，则称式(4-2)为亚仿射变换。

亚仿射变换中有六个参数可供选择，为使用者提供更多置乱参数。目前置乱评价以及信息隐藏算法的应用研究证明，亚仿射在信息隐藏算法中的应用有利于提高系统的安全性和抗分析性能。

3. 幻方变换

幻方源于我国公元前 500 年的春秋时期《大戴礼》。数学描述为：$M = \{m_{ij}\}$，$i, j = 1, 2, \cdots, n$ 为二维幻方，当且仅当 $\forall K \in 1, 2, \cdots, n$，且 $\sum\limits_{i=j} m_{ij} = \sum\limits_{i+j-1=n} m_{ij} = c$，当 $m_{ij} \in \{1, 2, 3, \cdots, n^2\}$ 且两两不同时，称 M 为 n 阶标准幻方。

幻方置乱的思想基于查表思想。如图 4-2 所示的是 3×3 幻方置乱的完整一个周期，即到第 9 次幻方时，又转换成原始矩阵。“2”的位置为“1”变换后的位置，“3”的位置变换后为“2”的位置，以此类推。基于数字图像的幻方置乱可以降低幻方置乱阶数或以图像块进行置乱，实现置乱效果与系统开销的平衡。

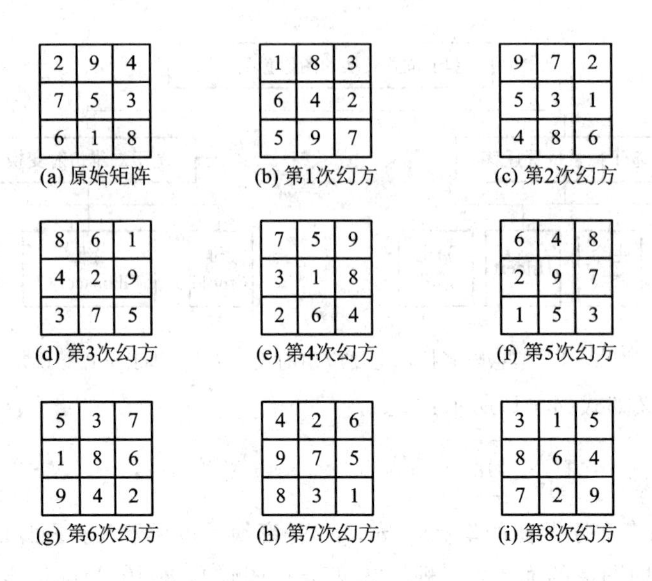

图 4－2　3×3 幻方置乱示意

4. Hilbert 曲线

Hilbert 曲线是一种遍历算法。基于 Hilbert 曲线所做的数字图像置乱算法是按照 Hilbert 曲线的走向遍历图像中的所有点，生成一幅新的“杂乱”图像。Hilbert 曲线遍历如图 4－3 所示。

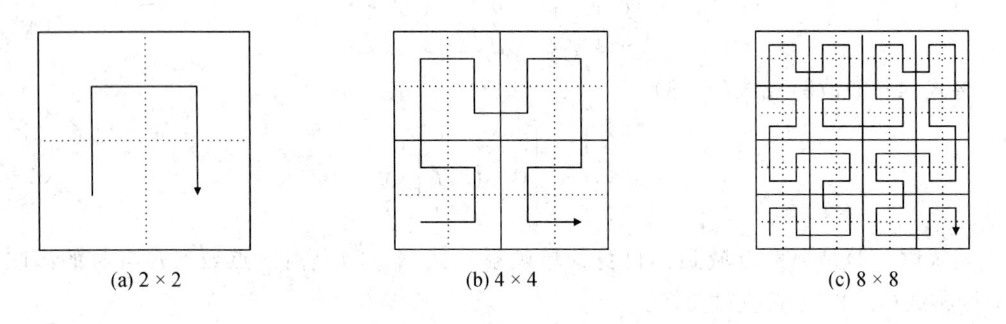

图 4－3　Hilbert 曲线遍历示例

5. 骑士巡游

所谓骑士巡游就如同象棋一样，给出一块具有 n^2 个格子的 $n \times n$ 棋盘，一位骑士按国际象棋规则移动，放在初始坐标为(x_0, y_0)的格子里，要求寻找一种方案使之经过每个格子一次，且仅一次。骑士巡游问题可以较自然地推广到 $n \times m$ 棋盘骑士巡游路线，T 为巡游矩阵，图 4－4 所示的是 9×9 巡游矩阵及巡游路线。

基于骑士巡游的置乱思想同样是查表思想，与幻方置乱思想相同，不再赘述。

6. 混沌序列

混沌的优势在于对初始条件的极端敏感和轨迹在整个空间上的遍历性。根据经典的 Shannon 置乱与扩散的要求，这些独特的特征使得混沌映射成为信息隐藏嵌入算法的优秀候选。常用的混沌序列如表 4－1 所示。

$$
T=\begin{bmatrix}
1 & 34 & 3 & 16 & 31 & 42 & 37 & 14 & 29 \\
4 & 17 & 32 & 43 & 36 & 15 & 30 & 41 & 38 \\
33 & 2 & 35 & 64 & 69 & 54 & 39 & 28 & 13 \\
18 & 5 & 68 & 73 & 44 & 65 & 46 & 53 & 40 \\
81 & 74 & 63 & 70 & 67 & 72 & 55 & 12 & 27 \\
6 & 19 & 80 & 75 & 62 & 45 & 66 & 47 & 52 \\
79 & 76 & 61 & 22 & 71 & 56 & 51 & 26 & 11 \\
20 & 7 & 78 & 59 & 50 & 9 & 24 & 57 & 48 \\
77 & 60 & 21 & 8 & 23 & 58 & 49 & 10 & 25
\end{bmatrix}
$$

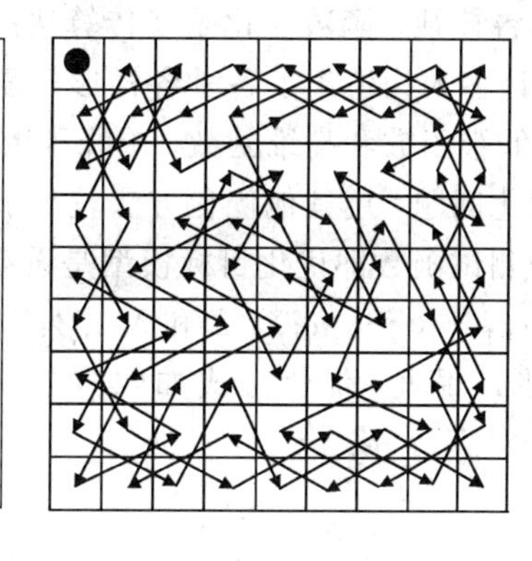

图 4-4　骑士巡游矩阵及路线

表 4-1　信息隐藏技术中可以使用的混沌序列

混沌序列	方程定义	备注(混沌状态)
Logistic	$x_{k+1}=ux_k(1-x_k)$	$3.569\,945\,6 \leqslant u_k \leqslant 4$
Chebyshev	$x_{k+1}=\cos(k\arccos(x_k))$	$x_n \in [-1, 1]$
Rossler	$\begin{cases} x'=-y-z \\ y'=x+ay \\ z'=b+z(x-c) \end{cases}$	$a=0.5$，$b=0.2$，$c=10.00$，李雅普诺夫指数为 0.13、0.00、-14.1
Lorenz	$\begin{cases} \dfrac{\mathrm{d}x}{\mathrm{d}t}=\sigma(y-x) \\ \dfrac{\mathrm{d}y}{\mathrm{d}t}=rx-zx-y \\ \dfrac{\mathrm{d}z}{\mathrm{d}t}=xy-bz \end{cases}$	$\sigma=10$，$b=\dfrac{8}{3}$，$r>24.74$
Ikeda	$\begin{cases} x_{k+1}=1+\mu(x_k\cos(t)-y_k\sin(t)) \\ y_{k+1}=\mu(x_k\sin((t)+y_k\cos(t)) \end{cases}$	$t=0.4-\dfrac{6}{1+x_k^2+y_k^2}$
Mackey Glass	$\dfrac{\mathrm{d}x(t)}{\mathrm{d}t}=\dfrac{0.2x(t-\tau_0)}{1+x(t-\tau_0)^{10}}-0.1x(t)$	$\tau_0 \geqslant 17$
Henon	$\begin{cases} x_{k+1}=y_k+1-bx_k \\ y_{k+1}=ck_k \end{cases}$	$b=1.3$，$c=0.3$

4.1.2　信息隐藏匹配度模型

优化技术的作用是将初步置乱后的隐藏信息与载体解析出的数据进行比较，达到最大化的一致性。其方法就是通过改变置乱参数进行调整，反作用于置乱算法的选择，使其重新进行置乱操作，最终使欲嵌入的隐藏信息与载体达到最佳的匹配度，减少对载体的修改，提高信息隐藏系统的性能。

在信息隐藏系统中，其本质是涉及两组序列的最大一致性问题，本书优化方案主要运用遗传算法理论。由于遗传算法的整体搜索策略和优化搜索方法在计算时不依赖于梯度信息或其他辅助知识，而只需要影响搜索方向的目标函数和相应的适应度函数，所以遗传算法提供了一种求解复杂系统问题的通用框架，它不依赖于问题的具体领域，对问题的种类有很强的鲁棒性。函数优化是遗传算法的经典应用领域，也是遗传算法进行性能评价的常用算例，许多人构造出了各种各样形式复杂的测试函数：连续函数和离散函数、凸函数和凹函数、低维函数和高维函数、单峰函数和多峰函数等。对于一些非线性、多模型、多目标的函数优化问题，用其他优化方法较难求解，而遗传算法可以得到较好的结果。

此处测试函数即优化目标模型是设载体解析信息为 $Z=(z_1, z_2, \cdots, z_n)$，欲嵌入信息为 $X=(x_1, x_2, \cdots, x_n)$，$Z$ 和 X 序列对应位相同的个数用 F 表示，则优化的目的是调整序列 X 使 F 最大，优化公式如(4-4)所示，其中 η 是优化后反馈给置乱操作的优化参数(集)。

$$F(\eta)=\max\sum(x_n \overline{\oplus} z_n) \tag{4-4}$$

整个优化处理过程包含 4 个步骤，如图 4-5 所示。

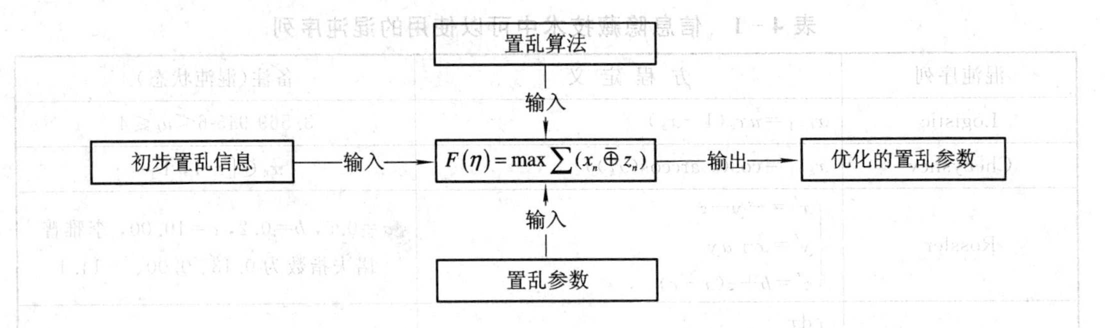

图 4-5　优化处理步骤示意

(1) 确定置乱步骤中得到的初步置乱信息。

(2) 确定信息置乱算法以及相关参数。

(3) 根据信息隐藏信息优化模型(式(4-4))，按照遗传算法选择进行参数优化。

(4) 优化结束，输出置乱参数到置乱处理环节中。

4.2　基于信息表达转换的信息隐藏规则

利用信息表达进行信息隐藏是信息隐藏技术的基本技能，是信息隐藏技术应用优劣势的重要体现。最为容易理解的信息表达主要是隐藏位置的数据奇偶以及数据大小等，其信息隐藏的实现是对数据奇偶和大小的修改。本节介绍一种新的数字图像解析方法——颜色场结构法，它通过对颜色信息和结构信息进行融合处理，从数字图像的颜色、纹理以及梯度等与人类视觉系统有密切相关的信息中得出一个以“方向变量”为表达形式的图像信息——颜色场结构。信息隐藏技术通过改变颜色场结构的方向来进行信息隐藏，将信息以方向的形式进行表达，为信息隐藏技术提供基于方向变化的信息隐藏嵌入规则。另外，三维模型的信息表达转换也有多种方法，较为容易理解的是将三维坐标信息进行规则化的直接修改。本节将介绍三维模型内切信息表达转换以及三维轮廓解析的信息表达转换方法。

4.2.1　颜色场结构法

图像的本质信息包含两个方面：一是为图像的颜色信息，包括颜色空间以及颜色数据；二是图像的结构信息，主要蕴含在图像的纹理和梯度中。颜色场结构法的理论基础就是图像的颜色信息与结构信息。颜色信息主要涉及颜色空间理论，颜色空间中各分量值是颜色场结构法的原始数据来源。在结构信息研究方面，根据不同的解析方法，可以分解出不同的图像结构信息，但与信息隐藏技术联系最为密切的图像结构信息主要包括纹理信息和梯度信息。

1. 纹理信息

纹理是对物体表面细节的总称，是描述与识别图像的重要依据。纹理的测度有多种方法，例如直方图的统计矩、灰度共生矩阵、普测度、分形维、自相关函数以及形成统计等。颜色场结构法中主要应用的基于灰度共生矩阵法的纹理测度方法，如表 4－2 所示。

表 4－2　颜色场结构法中应用的基于灰度共生矩阵的纹理测度法

纹理测度法	概　念	公　式
熵值测度法	熵值是图像内容随机性的度量，与随机性成正比	$H=-\sum_{i=1}^{N}\sum_{j=1}^{N}P_{ij}\log P_{ij}$
对比度测度法	图像点对中前后点间灰度差的度量，反映了图像的清晰度和纹理的沟纹深浅。灰度差大的点对大量出现，则对比度增大，图像较粗糙；反之图像较柔和	$D=\sum_{i=1}^{N}\sum_{j=1}^{N}(i-j)^2P_{ij}$
角二阶矩测度法	反映区域图像的平滑性，与图像平滑度成反比	$E=\sum_{i=1}^{N}\sum_{j=1}^{N}P_{ij}^2$
均匀度	均匀度反映图像的均匀程度	$R=\sum_{i=1}^{N}\sum_{j=1}^{N}\frac{P_{ij}}{1+(i-j)^2}$
注：P_{ij} 为位于图像 $N\times N$ 像素块中 (i, j) 的元素，P_{ij} 的值表示一个灰度为 i 而另一个灰度为 j 的两个相距为 $\delta=(\Delta x, \Delta y)$ 的像素对出现的概率		

利用纹理信息进行颜色场结构法的图像解析可以比较全面的表达信息隐藏所关心的图像信息，为信息隐藏算法和系统设计提供合适的图像解析信息。

2. 梯度信息

梯度是某个物理量的变化率，图像梯度描述某像素点邻域颜色的变化率和方向。一个标量函数 φ 的梯度记为 $\nabla\varphi$，其中 ∇ 表示向量微分算子。φ 的梯度有时也写作 $\mathrm{grad}(\varphi)$。求图像梯度时，可以把图像看成二维离散函数，图像梯度则是这个二维离散函数的求导，如式(4－5)所示：

$$G(x, y)=i\cdot \mathrm{d}x+j\cdot \mathrm{d}y \tag{4-5}$$

其中，$\mathrm{d}x(i, j)=I(i+1, j)-I(i, j)$，$\mathrm{d}y(i, j)=I(i, j+1)-I(i, j)$。$I$ 是图像像素的值，(i, j) 为像素的坐标。

颜色场结构法中的梯度信息利用了人类视觉特性对图像边缘的两种响应：① 人眼对边缘的颜色误差不敏感，在颜色变化平缓的区域上少量的变化就很容易被人眼觉察；② 由于 Mach 效应，当亮度发生跃变时，人类视觉系统会产生一种边缘增强感，这时在视觉上会感到边缘的亮侧更亮，暗侧更暗。图像梯度是图像纹理信息的补充，它反映了纹理边缘的特性。

3. 颜色场结构的提取流程

根据颜色场结构法的定义，颜色场结构的提取有4个步骤，如图4-6所示。

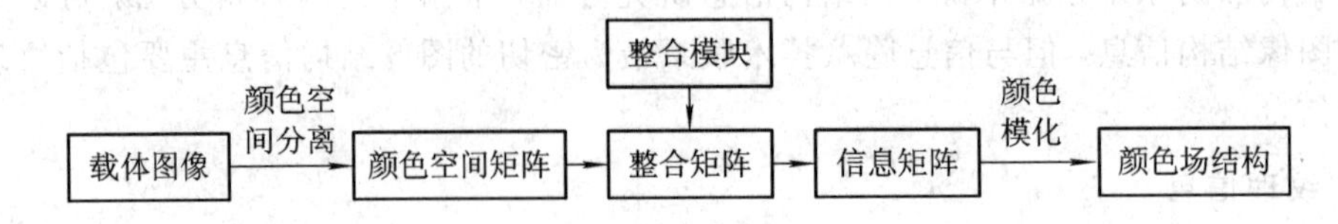

图4-6 颜色场结构的提取流程

(1) 根据算法选取的颜色空间对载体进行颜色分离，生成颜色空间矩阵。

(2) 根据算法要求得出整合模块，由整合模块生成整合矩阵。

(3) 颜色空间矩阵经过整合矩阵运算与调整，生成信息矩阵。

(4) 将信息矩阵进行颜色模化，生成载体图像的颜色场结构。

4. 颜色场结构理论中的相关术语

颜色场结构的提取流程中涉及颜色空间矩阵、整合模块、整合矩阵、信息矩阵和颜色模化，下面给出它们的详细定义。

1) 颜色空间矩阵

载体图像进行颜色分离后，相同像素点分离出的多通道颜色分量所组成的行矩阵称为颜色空间矩阵，记作$\boldsymbol{C}_{ij}$：

$$\boldsymbol{C}_{ij} = [x_1^{ij}, x_2^{ij}, \cdots, x_n^{ij}]$$

其中，x_n^{ij}为在空间位置(i, j)像素上第n个颜色分量值。

2) 整合模块

整合模块是一个矩阵集合，包含了与信息隐藏性能有关的图像结构权重信息，用于生成整合矩阵。在基于数字图像的信息隐藏系统中，整合模块要充分考虑信息隐藏系统的应用要求。整合因素包括纹理信息和结构信息，整合规则如表4-3所示。

表4-3 颜色场理论中整合模块的整合规则

整合因素		与信息隐藏性能的关系	整合规则	矩阵
纹理	熵值	图像随机性与信息隐藏性能成正比	熵值不缩小，权重值$h \geqslant 1$	$\boldsymbol{H}$
	对比度	图像粗糙度与信息隐藏性能成正比	对比度不缩小，权重值$d \geqslant 1$	$\boldsymbol{D}$
	能量	图像能量与信息隐藏性能成正比	能量不缩小，权重值$e \geqslant 1$	$\boldsymbol{E}$
	均匀度	图像均匀度与信息隐藏性能成反比	均匀度不缩小，权重值$r \leqslant 1$	$\boldsymbol{R}$
梯度		图像梯度与信息隐藏性能成正比	梯度不缩小，权值$g \geqslant 1$	$\boldsymbol{G}$

3) 整合矩阵

整合矩阵是根据应用要求，经过整合模块生成的权重矩阵，整合矩阵记为$\boldsymbol{T}$，如式(4-6)所示：

$$\boldsymbol{T} = \boldsymbol{W} \cdot \boldsymbol{Z}^{\mathrm{T}} \tag{4-6}$$

其中，矩阵$\boldsymbol{W}$为整合因素的权重矩阵，$\boldsymbol{W} = [h\ d\ e\ r\ g]$；$\boldsymbol{Z}$为整合因素矩阵，$\boldsymbol{Z} = [\boldsymbol{H\ D\ E\ R\ G}]$。

4) 信息矩阵

信息矩阵是基于载体图像的结构与应用的颜色信息矩阵。信息矩阵由每个像素的信息值按照原始像素空间位置组合而成，像素(i, j)的信息值记为a_{ij}，计算公式如式(4-7)所示：

$$a_{ij} = C_{ij}\boldsymbol{T} \tag{4-7}$$

信息矩阵记为$\boldsymbol{I}$，$N \times N$数字图像信息矩阵为：

$$\boldsymbol{I} = \begin{bmatrix} a_{11} & a_{12} & \cdots & a_{1N} \\ a_{21} & a_{22} & \cdots & a_{2N} \\ \vdots & \vdots & & \vdots \\ a_{N1} & a_{N2} & \cdots & a_{NN} \end{bmatrix}$$

5）颜色模化

颜色模化就是将颜色信息I转化成颜色场结构信息，信息表现形式的转换目的在于实施信息隐藏。颜色模化如式(4-8)所示，信息矩阵经过颜色模化后生成图像颜色场结构，记为$\boldsymbol{M}$：

$$\boldsymbol{M} = I \bmod 2\pi = \begin{bmatrix} m_{11} & m_{12} & \cdots & m_{1N} \\ m_{21} & m_{22} & \cdots & m_{2N} \\ \vdots & \vdots & & \vdots \\ m_{N1} & m_{N2} & \cdots & m_{NN} \end{bmatrix} \tag{4-8}$$

与普通颜色信息相比，颜色场结构是将数字图像的颜色与结构信息用方向场$[0 \leqslant m_{NN} \leqslant 2\pi]$的形式表达出来，通过改变方向来进行信息隐藏。

5. 应用原理

根据以上的论述，颜色场最终形成的是一个基于特定颜色空间及结构信息分量权重的颜色和结构信息集合，集合所包含的元素信息实则是方向信息。信息隐藏算法利用方向或者方向区域表示隐藏信息，算法通过改变载体颜色场结构信息(方向)进行信息的嵌入(详细的应用方法和技术细节见5.5节)。

4.2.2 颜色模矢量场结构法

在颜色场结构法中引入矢量，即在颜色场结构信息的基础上加入长度信息就形成颜色模矢量场结构，基于颜色场结构与方向长度的图像解析方法称为颜色模矢量场结构法。颜色模矢量场结构的长度信息由梯度信息加权生成，即由梯度矩阵$\boldsymbol{G}$转换生成梯度加权矩阵，梯度加权矩阵记作$\boldsymbol{L}$，转换公式如式(4-9)所示：

$$\boldsymbol{L} = \boldsymbol{G} \cdot \boldsymbol{V} = \begin{bmatrix} l_{11} & l_{12} & \cdots & l_{1N} \\ l_{21} & l_{22} & \cdots & l_{2N} \\ \vdots & \vdots & & \vdots \\ l_{N1} & l_{N2} & \cdots & l_{NN} \end{bmatrix} \tag{4-9}$$

其中，矩阵$\boldsymbol{V}$为加权矩阵。在信息隐藏技术中，加权矩阵$\boldsymbol{V}$的矩阵值的确定是依照信息隐藏规则对长度依赖性的大小进行制定的。

根据定义，颜色模矢量场结构由方向场信息与长度信息共同构成，记作$\boldsymbol{S}$，如式(4-10)所示：

$$\boldsymbol{S} = \{\boldsymbol{M}, \boldsymbol{L}\} \tag{4-10}$$

4.2.3 三维内切球数量表达转换

根据欧氏最大内切球的定义，本文提出内切球解析（Inscribed Sphere Analysis，ISA）理论，即按照“欧氏最大内切球→内接正方体→内切球→内接正方体→…→内切球”的顺序获得模型内部内切球解析结果。该解析过程简称为内切球-内接正方体（Inscribed Sphere-Inscribed Cube，ISIC），如图 4－7 所示。

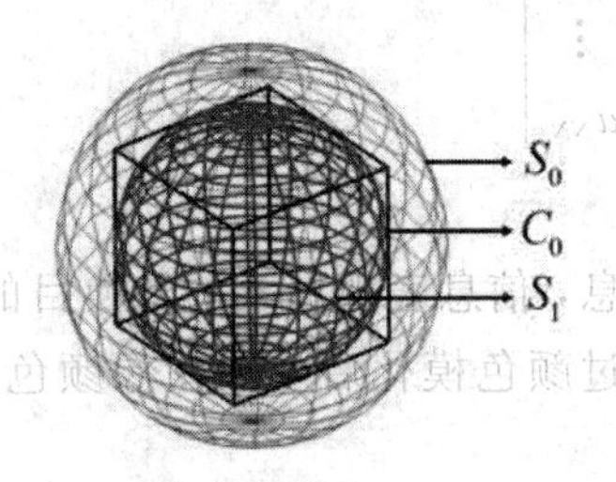

(a) ISIC 解析流程三维图

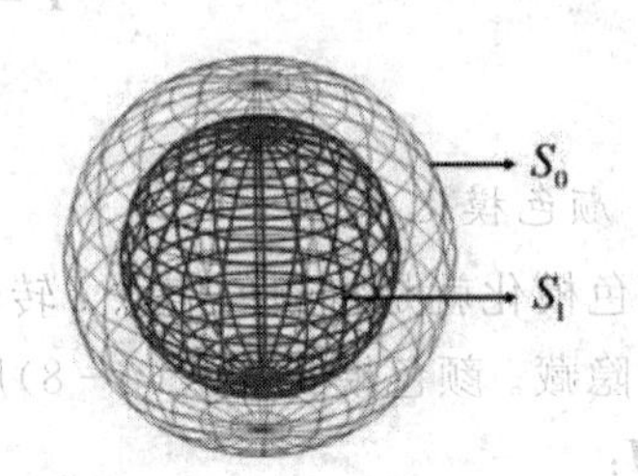

(b) 三维内切球示意图

图 4－7 三维模型 ISIC 解析

以图 4－7 为例，S_0为某骨架点的最大内切球，C_0为 S_0的内接正方体，S_1为 C_0的内切球，重复 n 次解析过程即可得到内切球 S_{n+1}。内切球解析顺序为：欧氏最大内切球→内接正方体→内切球→内接正方体→…→内切球，步骤如下：

（1）确定最大内切球球心。在模型骨架抽取的过程中，得到的一系列骨架点即为球心，同时得到一系列关键点，即特殊的骨架点。

（2）按照三维模型骨架定义，以各骨架点为球心求模型的最大内切球 S_0。

（3）求最大内切球 S_0的内接正方体 C_0。

（4）求正方体 C_0的内切球 S_1。

（5）重复上述内切球→内接正方体→内切球的解析过程。

如果将最小内切球的半径规定好，那么解析完成后，至少会得到内切球的数量，此时的数量信息即为三维模型所包含的另外一种信息，不论是内切球的数目的大小所在的区间，还是最为简单的奇偶，都是信息的表达转换。

4.2.4 三维轮廓表达转换

三维模型进行二维投影必将形成轮廓。如图 4－8 所示，将三维模型进行水平放置并进行二维映射，形成轮廓 L_α，其中，α 为水平旋转角度，当 $\alpha=0°$时，步骤如图 4－8 所示。

此时，将轮廓按照宽度 1/2 进行分割。当在 α 为水平旋转角度投影后，分割后的两个轮廓记作分别记作 $L_{\alpha1}$、$L_{\alpha2}$。例如将图 4－8(d)中的轮廓 L_0进行分割，两个轮廓分别记为 L_{01}和 L_{02}。随后，将分割后的两个轮廓 $L_{\alpha1}$和 $L_{\alpha2}$进行坐标转换，即映射到二维函数坐标中转换成为函数的过程，函数分别记作 $F_{\alpha1}$和 $F_{\alpha2}$。例如，将 L_{01}和 L_{02}如图 4－9 所示转换为 F_{01}和 F_{02}，沿 x 轴按照固定步长 d 对函数 F_{01}和 F_{02}分别进行轮巡，取纵坐标数值，分别记作 $D_{\alpha1}$和 $D_{\alpha2}$。将 L_{01}和 L_{02}做固定步长的取值后，记作 D_{01}和 D_{02}。

$D_{\alpha1}$和 $D_{\alpha2}$就是我们解析出的基本数据，通过对基本数据的转换，即可进行数据的转换表达。当然，依然可以用奇偶进行 0/1 的表达。

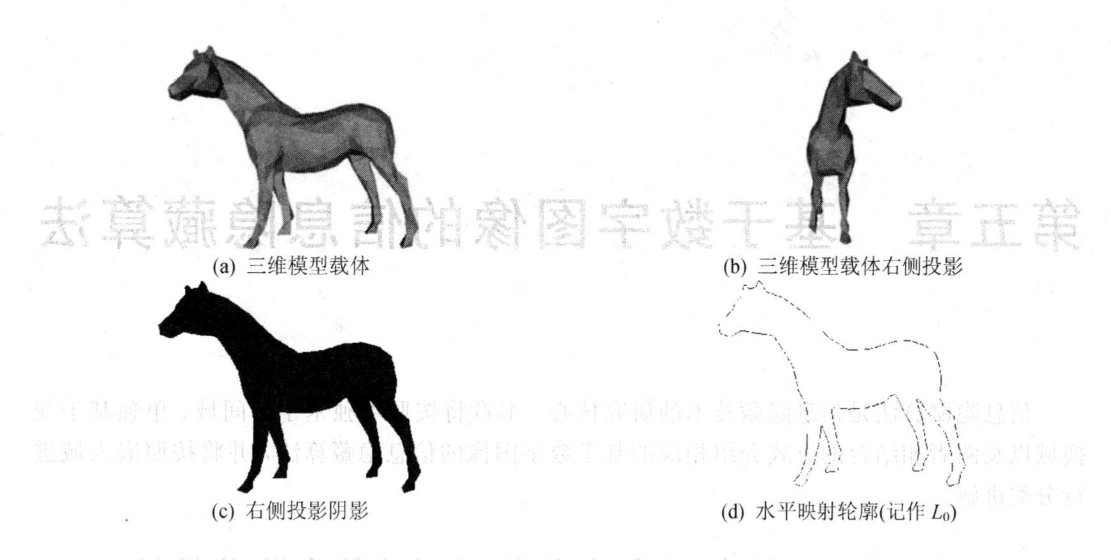

图 4-8　三维模型水平映射示意图

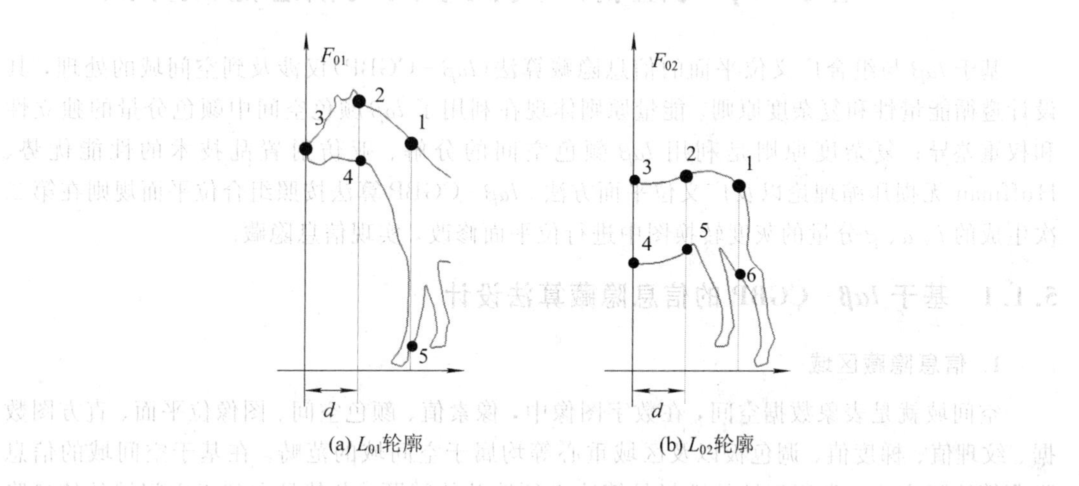

图 4-9　三维模型水平映射示意图

本 章 习 题

1. 简述基于匹配度的信息隐藏规则的核心思想是什么？
2. 基于匹配度的信息隐藏规则主要应用哪些基础理论？
3. 基于位置变换的图像置乱方法有哪些？
4. 颜色场结构法的信息表达是将什么信息作为信息隐藏数据？
5. 三维内切球表达转换是将什么信息作为信息隐藏数据？
6. 三维轮廓表达转换是将什么信息作为信息隐藏数据？

第五章　基于数字图像的信息隐藏算法

信息隐藏算法是信息隐藏技术的研究核心。本章将按照单独基于空间域、单独基于变换域以及两者相结合的方式介绍相应的基于数字图像的信息隐藏算法，并将按照嵌入域进行分类讲解。

5.1　基于 $l\alpha\beta$ 与组合广义位平面的信息隐藏算法

基于 $l\alpha\beta$ 与组合广义位平面的信息隐藏算法（$l\alpha\beta$ - CGBP）仅涉及到空间域的处理，其设计遵循能量性和复杂度原则。能量原则体现在利用了 $l\alpha\beta$ 颜色空间中颜色分量的独立性和权重差异；复杂度原则是利用 $l\alpha\beta$ 颜色空间的分解、亚仿射置乱技术的性能优势、Huffman 无损压缩理论以及广义位平面方法。$l\alpha\beta$ - CGBP 算法按照组合位平面规则在第二次生成的 l、α、β 分量的灰度转换图中进行位平面修改，实现信息隐藏。

5.1.1　基于 $l\alpha\beta$ - CGBP 的信息隐藏算法设计

1. 信息隐藏区域

空间域就是表象数据空间，在数字图像中，像素值、颜色空间、图像位平面、直方图数据、纹理值、梯度值、调色板以及区域重心等均属于空间域的范畴。在基于空间域的信息隐藏算法研究中，隐藏区域的选择是算法必须涉及的问题，尤其是在基于空间域的信息隐藏算法中必须重点考虑。基于 $l\alpha\beta$ - CGBP 的信息隐藏算法设计中，信息隐藏区域的设计主要遵循嵌入位置的能量以及生成嵌入区域的复杂度特性。

从图 2 - 11 的 l、α、β 分量图像的可视性可知，l 分量相对于 α、β 分量在影响可视性中的权重最大。因此利用 $l\alpha\beta$ 颜色空间分量的权重分布特点，算法生成信息隐藏区域分为如下四个步骤：

(1) 将载体图像进行 $l\alpha\beta$ 颜色空间分解，抽取（清零）l 分量后，如图 5 - 1(b)所示；利用剩余的 α、β 分量数据可视化成灰度图像，如图 5 - 1(c)所示。抽取与转化过程如式(5 - 1)所示：

$$\begin{bmatrix} R \\ G \\ B \end{bmatrix} \rightarrow \begin{bmatrix} l \\ \alpha \\ \beta \end{bmatrix} \rightarrow \begin{bmatrix} 0 \\ \alpha \\ \beta \end{bmatrix} \rightarrow \begin{bmatrix} R' \\ G' \\ B' \end{bmatrix} \rightarrow n\text{Gray} \tag{5-1}$$

其中，R、G、B 为载体图像的 RGB 分量值，R'、G'和 B'为对 l 分量清零后由 $l\alpha\beta$ 颜色空间转换成 RGB 颜色空间后的 R、G、B 分量值，最后由 R'、G'和 B'生成灰度图像，生成灰度图像的公式如式(5-2)所示：

$$nGray = 0.299R + 0.587G + 0.114B \tag{5-2}$$

(a) 载体图像

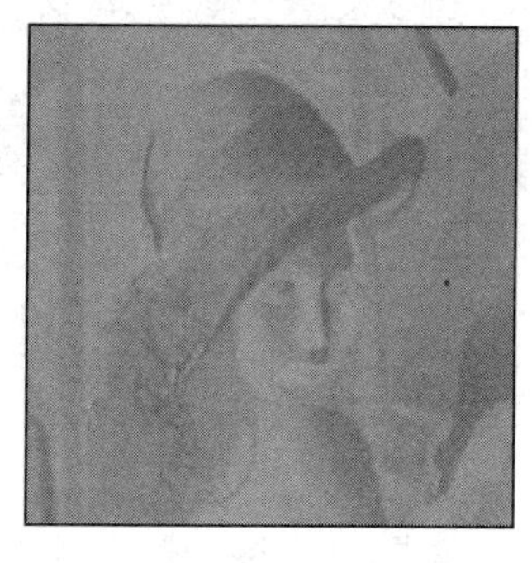

(b) 抽取 l 分量的载体图像

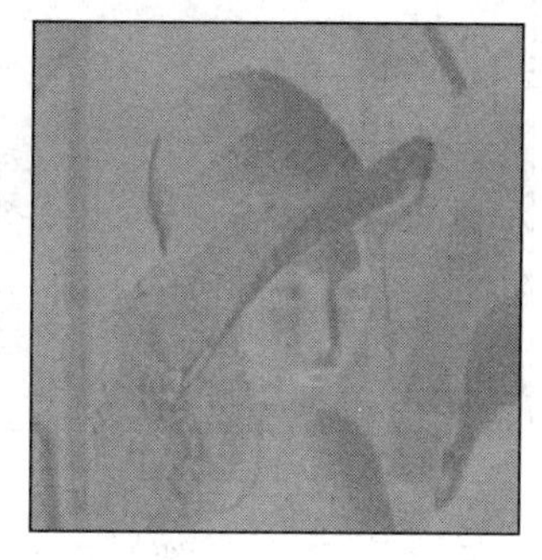

(c) 灰度化 $\alpha\beta$ 分量图像

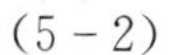

图 5-1　抽取 l 分量数据的灰度图像示例

(2) 对图 5-1(c)进行 $l\alpha\beta$ 颜色空间映射后，再次进行 $l\alpha\beta$ 颜色空间分解，分解后的 l、α、β 分量子图生成灰度图像，如图 5-2 所示，算法将在图 5-2 的 l、α、β 分量进行信息的隐藏。

生成的灰度图像的具体过程如式(5-3)所示：

$$nGray \rightarrow \begin{bmatrix} R'' \\ G'' \\ B'' \end{bmatrix} \rightarrow \begin{bmatrix} l' \\ \alpha' \\ \beta' \end{bmatrix} \rightarrow \begin{bmatrix} n\text{Gray}_{l'} \\ n\text{Gray}_{\alpha'} \\ n\text{Gray}_{\beta'} \end{bmatrix} \tag{5-3}$$

其中，R''、G''和 B''为灰度图像映射成 RGB 图像的各分量值，$R''=G''=B''=n\text{Gray}$；l'、α'、β'为再次生成的 $l\alpha\beta$ 颜色分量值，$n\text{Gray}_{l'}$、$n\text{Gray}_{\alpha'}$和 $n\text{Gray}_{\beta'}$分别为 l'、α'、β'分量生成的灰度图像值，$n\text{Gray}_{l'}=l'$、$n\text{Gray}_{\alpha'}=\alpha'$、$n\text{Gray}_{\beta'}=\beta'$。

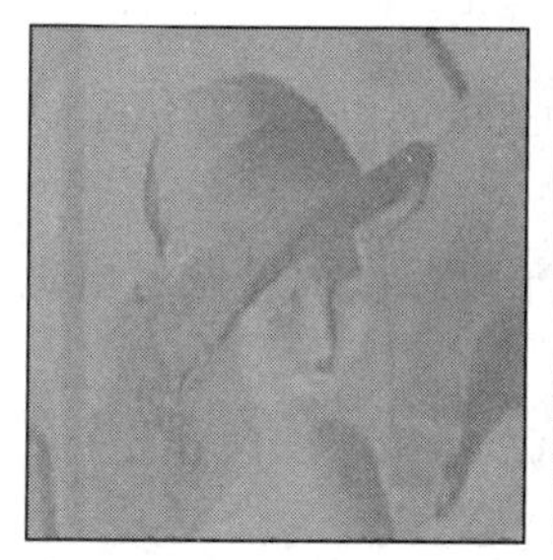

(a) 图 5-1(c)

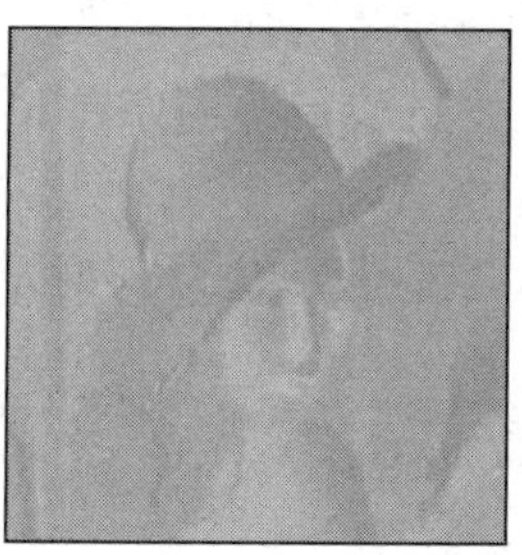

(b) l 分量

(c) α 分量

(d) β 分量

图 5-2　基于 α、β 分量数据的灰度图像再次进行 $l\alpha\beta$ 分解

(3) 对在(2)中 l、α、β 分量生成的灰度图像(图 5-2(b)、图 5-2(c)和图 5-2(d))进行亚仿射置乱($n=156$)，如图 5-3 所示。

(4) 对置乱后的 l、α、β 分量灰度图进行位平面分解，对信息进行 Huffman(霍夫曼)无损压缩编码，算法将在各分量的位平面中按照隐藏规则进行信息的隐藏。

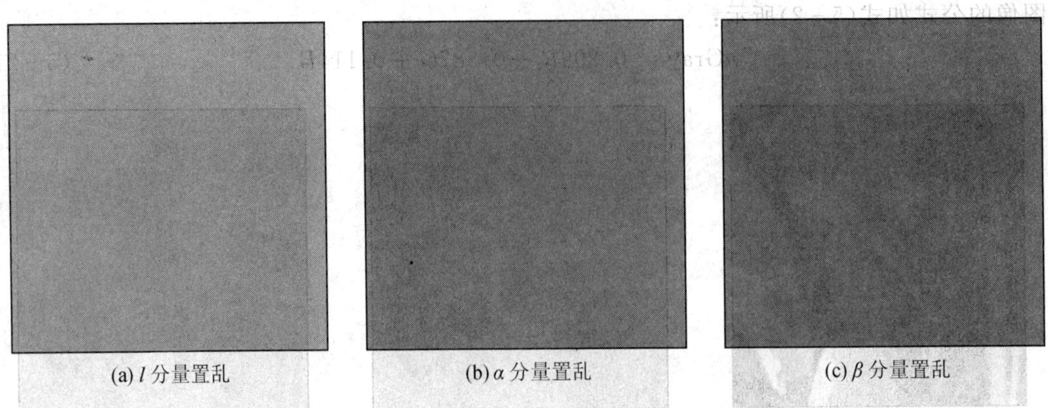

图 5－3　l、α、β 分量生成的灰度图像进行亚仿射置乱（$n=156$）

2. 信息隐藏规则

在分解出的 l、α、β 分量的位平面中，不局限在 Bit Plane 0 上，将隐藏规则扩展到所有位平面上，实施组合位平面的信息隐藏策略，基于 $l\alpha\beta$ 与组合广义位平面的信息隐藏算法的隐藏规则如下：

规则 1：l、α、β 分量子图的 Bit Plane 0 作为信息隐藏平面，Bit Plane 3 作为辅助位平面，Bit Plane 7 作为基准位平面，如图 5－4 所示。

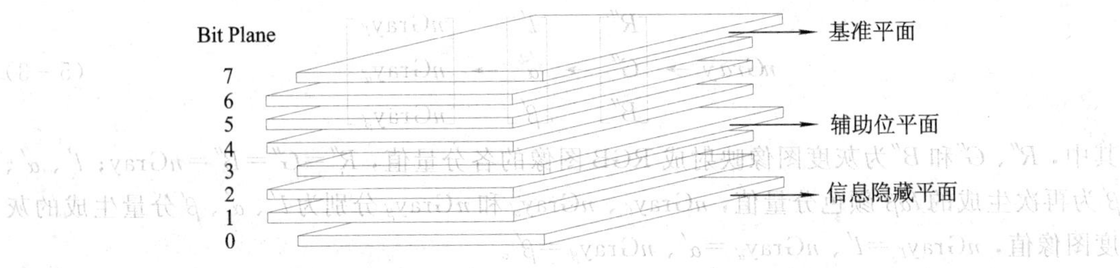

图 5－4　组合位平面嵌入规则

规则 2：秘密信息经过 Huffman 编码后，按照 l、α、β 顺序在 Bit Plane 0 上进行信息隐藏，信息以行遍历顺序在隐藏区域中排列。

规则 3：设 Bit Plane n 的二值数据为 C_n，当隐藏信息为 C_I 时，辅助位平面要做出相应的修改，如式（5－4）所示：

$$C_3 = C_7 \oplus C_I \tag{5-4}$$

3. 信息隐藏的流程与步骤

基于 $l\alpha\beta$ 与组合广义位平面的信息隐藏算法的信息隐藏共分为五个步骤，流程如图 5－5 所示。

（1）对载体图像进行 $l\alpha\beta$ 变换，抽出 l 分量数据后以 α、β 分量数据生成 256 灰度图像。

（2）对（1）生成的灰度图像进行 $l\alpha\beta$ 变换，解出 l、α、β 的分量子图。

（3）利用（2）生成的 l、α、β 的分量子图生成基于各自数据的 256 级灰度图像。

（4）对（3）生成的 3 个 256 灰度图像分别进行 156 次亚仿射置乱（周期为 384）后进行位平面分解，分解出 Bit Plane 0、Bit Plane 3 和 Bit Plane 7，记作 C_I^b。其中，I 表示颜色分量，$I=\{l, \alpha, \beta\}$；b 为位平面序号，$b=\{0, 3, 7\}$。

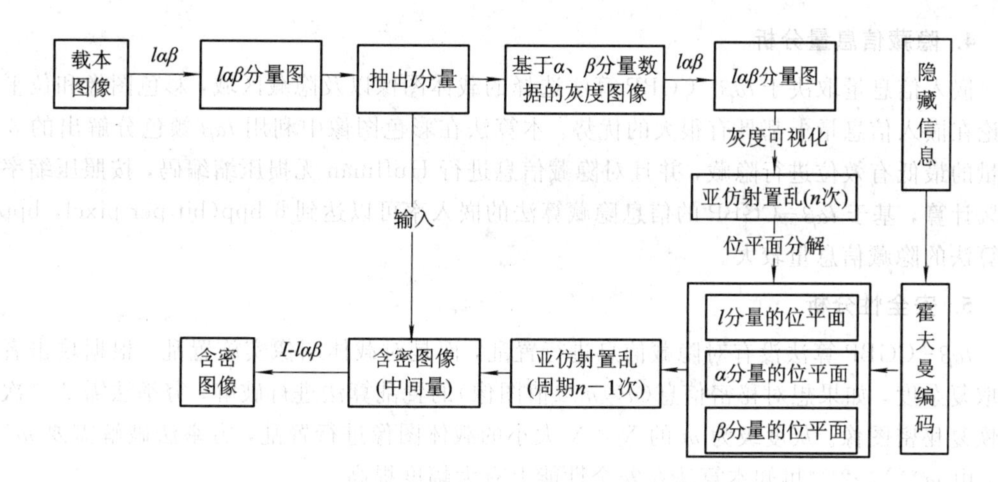

图 5-5　基于 $l\alpha\beta$ 和 CGBP 的信息隐藏算法流程

(5) 将秘密信息进行 Huffman 无损压缩编码后按照 l、α、β 顺序隐藏到 $C_{l'}^{0}$ 中，以行遍历顺序进行排列，$C_{l'}^{3}$ 按照规则 3 进行修改。

4. 信息的提取

根据隐藏信息时的步骤，提取隐藏信息的过程分为以下两步：

(1) 对含密图像按照隐藏时的步骤(1)～(4)得到相对应隐藏区域，从 Bit Plane 0、Bit Plane 3 和 Bit Plane 7 中分别提取相关数据，记作 $C_{l'}^{b}$，$b=\{0, 3, 7\}$。

(2) 对 $C_{l'}^{0}$ 进行 Huffman 解码后，计算 $C_{l'}^{0} \oplus C_{l'}^{3}$ 是否等于 $C_{l'}^{7}$，对提取出的 $C_{l'}^{0}$ 进行相应的调整与恢复，确定最终的提取信息。

5.1.2　基于 $l\alpha\beta$-CGBP 的信息隐藏算法性能分析

1. 不可见性分析

在不可见性方面，$l\alpha\beta$-CGBP 算法基于 $l\alpha\beta$ 颜色空间能量权重以及颜色分量的弱相关性进行设计，对载体图像进行两次 $l\alpha\beta$ 颜色分解以及第一次分解后对 l 颜色分量的抽取保护。利用Huffman 对隐藏信息进行无损压缩编码，减少了隐藏信息量。本算法同时利用 Bit Plane 0 的位权重特点，使得信息隐藏区域的性质完全符合不可见性的要求，提高了本算法的不可见性。

2. 鲁棒性分析

在鲁棒性方面，$l\alpha\beta$-CGBP 算法具有 $l\alpha\beta$ 隐藏区域的优势。载体的亚仿射置乱对隐藏信息具有同样的置乱效果，提高了本算法的鲁棒性。本算法利用位平面高位的鲁棒性专门设置辅助隐藏位平面，以上的组合策略可以增强隐藏算法的鲁棒性。

3. 抗分析性分析

在隐藏区域的选取上，$l\alpha\beta$-CGBP 算法对载体图像进行两次 $l\alpha\beta$ 颜色分解，隐藏区域较为隐蔽，且目前专门针对 $l\alpha\beta$ 颜色空间进行有效分析的信息隐藏分析方法较少。本算法实际是在 $l\alpha\beta$ 分量载体中实施嵌入操作，利用 $l\alpha\beta$ 空间颜色相关性小且不在常规 RGB 等颜色空间的特点，增强了本算法的抗分析性能。

4. 隐藏信息量分析

嵌入信息量取决于 $l\alpha\beta$-CGBP 算法选择的载体图像以及隐藏区域，彩色图像和位平面理论在嵌入信息量上都具有很大的优势。本算法在彩色图像中利用 $l\alpha\beta$ 颜色分解出的 3 个分量的最低有效位进行隐藏，并且对隐藏信息进行 Huffman 无损压缩编码，按照压缩率为 50%计算，基于 $l\alpha\beta$-CGBP 的信息隐藏算法的嵌入率可以达到 6 bpp(bit per pixel，bpp)，本算法的隐藏信息量较大。

5. 安全性分析

$l\alpha\beta$-CGBP 算法没有对隐藏信息进行置乱，而是对载体图像实施置乱。根据攻击者的提取复杂度，如果想对秘密信息($n\times n$ 二值图像)的置乱算法进行破解，穷举法需 $2^{n\times n}$ 次才能恢复秘密图像。灰度级为 m 的 $N\times N$ 大小的载体图像进行置乱，穷举法破解需要 $m^{N\times N}$ 次，由 $m^{N\times N}>2^{n\times n}$ 可知本算法在安全性能上有大幅度提高。

5.1.3 仿真实验

对基于 $l\alpha\beta$ 与组合广义位平面的信息隐藏算法进行实验仿真，仿真环境为 Matlab 7.0.0.19920,载体图像为 Lena(256×256)彩色图像(图 5-6(a))，隐藏信息为 Baboon(64×64)二值图像(图 5-6(b))。

1. 不可见性实验

依照 $l\alpha\beta$-CGBP 算法得到含密图像，如图 5-6(c) 所示。隐藏信息后的含密图像与载体图像的 PSNR 为 39.8316，表明本算法达到了良好的不可见性。

(a) 载体图像

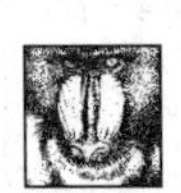
(b) 隐藏信息

(c) 含密图像

图 5-6　不可见性实验

2. 鲁棒性实验

鲁棒性是衡量图像经过处理后的改变程度，也就反映出信息的修改程度，本书定义隐藏信息为二值图像的鲁棒性验证算法，如式(5-5)所示：

$$Q=w(1-p) \tag{5-5}$$

Q 为鲁棒性检验值，w 为二值图像的纹理值(详见式(2-9))，p 为本书定义的二值图像($n\times n$)的修改率，如式(5-6)所示：

$$p=\frac{\sum_{i=0}^{n-1}\sum_{j=0}^{n-1}f(i,j)\oplus f'(i,j)}{n^2} \tag{5-6}$$

其中，$f(i,j)$、$f'(i,j)$分别是原隐藏信息和提取信息像素块($n\times n$)中相对坐标为(i,j)处的像素值。

由式(2－9)、式(5－5)和式(5－6)可知 $Q\in[0, 1]$，以下实验将 Q 扩大 100 倍以适应百分制判断习惯。本书鲁棒性检验均在 $\mu=\eta=1$ 时进行，操作对象为含密图像 5－6(c)，分别对其进行 JPEG2000 压缩、剪切、滤波和噪声攻击，实验结果如图 5－7 所示。

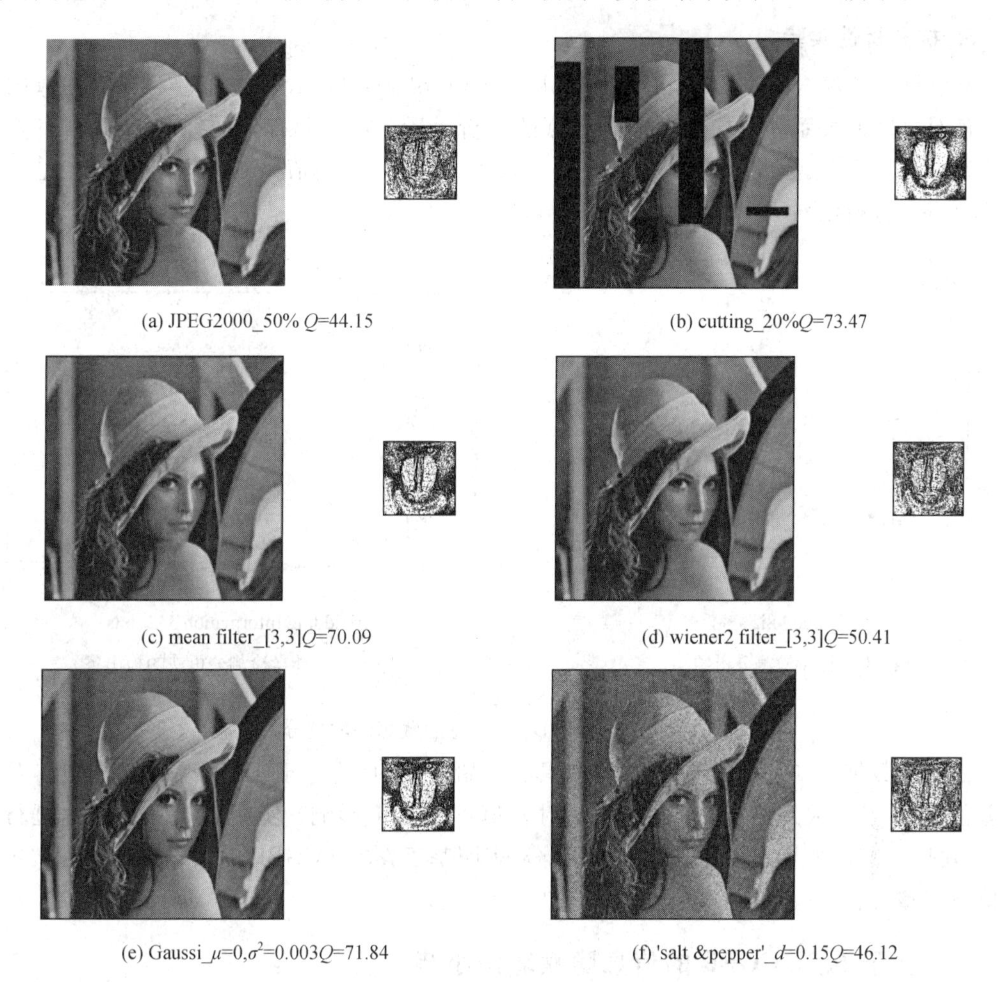

(a) JPEG2000_50% Q=44.15　(b) cutting_20%Q=73.47

(c) mean filter_[3,3]Q=70.09　(d) wiener2 filter_[3,3]Q=50.41

(e) Gaussi_μ=0,σ^2=0.003Q=71.84　(f) 'salt &pepper'_d=0.15Q=46.12

图 5－7　攻击及还原信息鲁棒性实验结果

数字图像最容易受到的处理(攻击)是压缩与剪切攻击，实验对含密图像 5－6(c)进行了模拟攻击，攻击程度所对应的鲁棒性检验结果如图 5－8 所示。

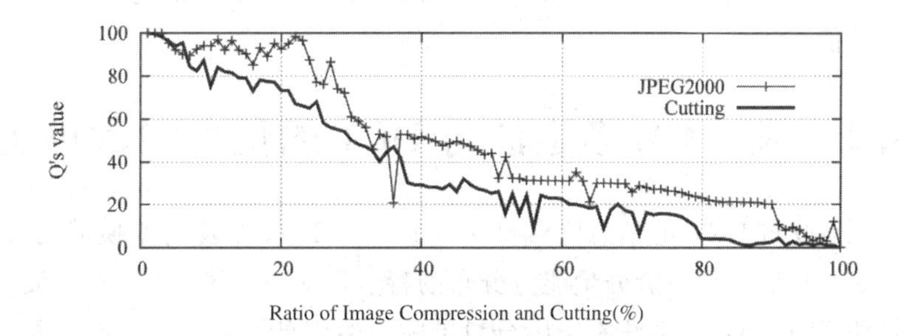

图 5－8　JPEG2000 和剪切实验

根据图 5-8 所示的可视实验以及整个鲁棒性实验结果，鲁棒性检验值达到 30 左右时，即 $Q\geqslant30$ 提取出的信息(Baboon 二值图像)即可辨识。由图 5-7 和图 5-8 的实验数据可知，算法在抗击大约 67%以下的 JPEG2000 压缩、38%以下的剪切及常见滤波与加噪时具有较强的鲁棒性。

3. 抗分析性实验

双统计量检测分析法(Regular/Singular group of pixels，RS)是通过对含密图像的相邻颜色对之间的关系和差异进行信息隐藏的分析手段，是一种有效的针对 LSB 信息隐藏的分析方法。具体是通过对比 R_m 与 R_{-m} 以及 S_m 与 S_{-m} 的差值来检测是否隐藏信息。图 5-9 为 RS 分析法对 $l\alpha\beta$-CGBP 的分析结果。

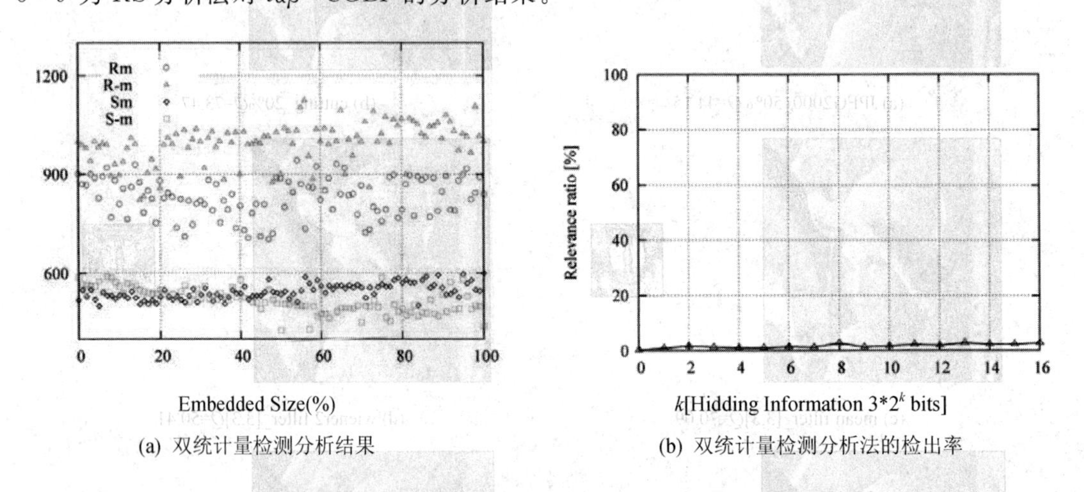

(a) 双统计量检测分析结果　　(b) 双统计量检测分析法的检出率

图 5-9　基于 $l\alpha\beta$ 与 CGBP 的信息隐藏算法的抗分析实验

由实验数据可知，RS 分析法本身是具有初始偏差的(约等于 165)。在此基础上，R 最大差值 389，S 最大差值 139，且隐藏率对差值不具有正影响。使用多幅随机图片进行测试，如图 5-9(b)所示，检出率低于 2.97%，表明基于 $l\alpha\beta$ 与 CGBP 的信息隐藏算法抗击此类信息隐藏分析。

5.1.4　基于 $l\alpha\beta$-CGBP 的信息隐藏算法小节

$l\alpha\beta$-CGBP 算法具有良好的系统特性，不可见性高，对 JPEG2000 压缩、随机剪切、[3，3]均值滤波、[3，3]二次维纳滤波、Gaussian 白噪声以及“椒盐”噪声具有较强的鲁棒性。通过应用针对 LSB 算法的 RS 分析法对本算法进行抗分析性能检测，证明本算法具有较好的抗分析性能。

5.2　基于 CL 多小波与 DCT 的信息隐藏算法

基于 CL 多小波与 DCT 的信息隐藏算法(CL-DCT)仅涉及到变换域的处理，设计思路是利用 CL 多小波变换后一阶分量能量分布的特点，设计出基于 CL 多小波和 DCT 变换的信息隐藏算法。CL-DCT 算法在 LL_2 分量上隐藏的信息为主体信息的 RAID4 奇偶校验数据、置乱优化参数以及信息 Hash 值，在 LH_2 和 HL_2 分量上以 RAID4 方式进行信息隐藏，在 HH_2 上隐藏对比检测数据，并且 LL_2、LH_2 和 HL_2 分量选择不同的 DCT 系数区间。在信息处理方面，应用 Chebyshev 映射和优化算法，提高信息与载体的一致性。

5.2.1 基于 CL-DCT 的信息隐藏算法设计

1. 信息隐藏区域

在基于数字图像的多小波变换中，能量分布会因分解的阶数和分量所在的方向而具有不同的能量分布规律，根据基于能量性的信息隐藏嵌入区域生成原则，CL 多小波变换的能量分布特性可为信息隐藏算法提供灵活的策略选择依据。从图 2-3 的 CL 多小波分解示例和表 2-2 数据可知，经过 CL 多小波变换后的 LL_2、LH_2、HL_2 和 HH_2 分量具有不同的能量分布特性。利用 CL 多小波变换后的能量权重分布特点，基于 CL-DCT 的信息隐藏算法生成信息隐藏区域有以下四个步骤：

(1) 载体图像经过 CL 多小波变换后，在 LH_2 和 HL_2 分量中嵌入隐藏信息。在 LL_2 中嵌入具有校验作用和判别功能的鲁棒性信息，HH_2 分量嵌入脆弱性标识信息，如图 5-10 所示。

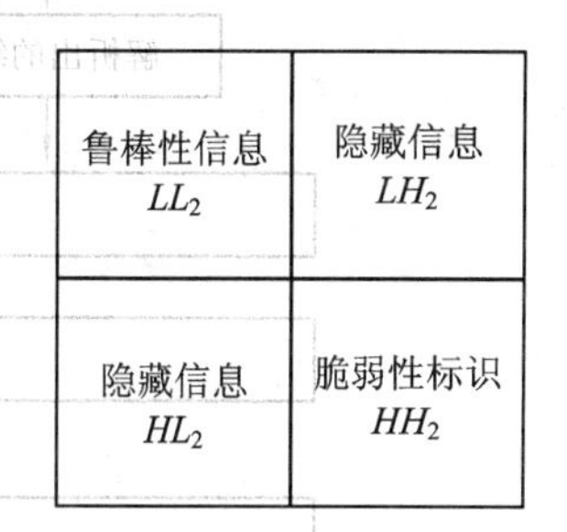

图 5-10 基于 CL 多小波一阶变换 LL_1 子图综合嵌入策略

(2) 对 LL_2 分量进行 DCT 变换，在 $N\times N$ 的分量块中，DCT 系数选择区间 $[(N^2/4)-1, N^2-1]$。

(3) 对 LH_2 和 HL_2 分量进行 DCT 变换，在 $N\times N$ 的分量块中，DCT 系数选择区间为 $[0, (N^2/2)-1]$。

(4) 对 HH_2 分量进行 $l\alpha\beta$ 颜色分解后，再对 β 各分量灰度化，然后进行位平面分解，隐藏区域为 Bit Plane 0。

2. 信息隐藏规则

基于 CL-DCT 的信息隐藏算法的信息隐藏规则如下：

规则 1：LL_2、LH_2 和 HL_2 分量的 DCT 系数的奇偶分别表示 1 和 0。

规则 2：秘密信息将按照 RAID4 方式(8 位为 RAID4 基本数据块单元)交叉隐藏到 LH_2 和 HL_2 生成的隐藏区域中。

规则 3：在 LL_2 分量的隐藏区域按照序号 $(N^2/4)-1$ 到 N^2-1 的顺序进行修改；LH_2 和 HL_2 分量的隐藏区域按照序号 0 到 $(N^2/2)-1$ 的顺序进行修改。

规则 4：在 HH_2 分量的隐藏区域中，以行遍历顺序隐藏相关信息。

3. 信息隐藏的流程与步骤

基于 CL-DCT 的信息隐藏共分为 8 个步骤，总体流程如图 5-11 所示。

(1) 对载体图像进行 CL 多小波变换，分解出载体图像的 LL_1 子图的 4 个分量图，分别记作 LL_2、LH_2、HL_2 和 HH_2。

(2) 对 LL_2 分量进行 DCT 变换，设分量 DCT 块为 $N\times N$，DCT 系数从 $(N^2/4)-1$ 到 N^2-1 按照规则 1 进行后续隐藏。

(3) 对 LL_2 和 LH_2 分量进行 DCT 变换，DCT 系数从 0 到 $(N^2/2)-1$ 按照规则 2 进行

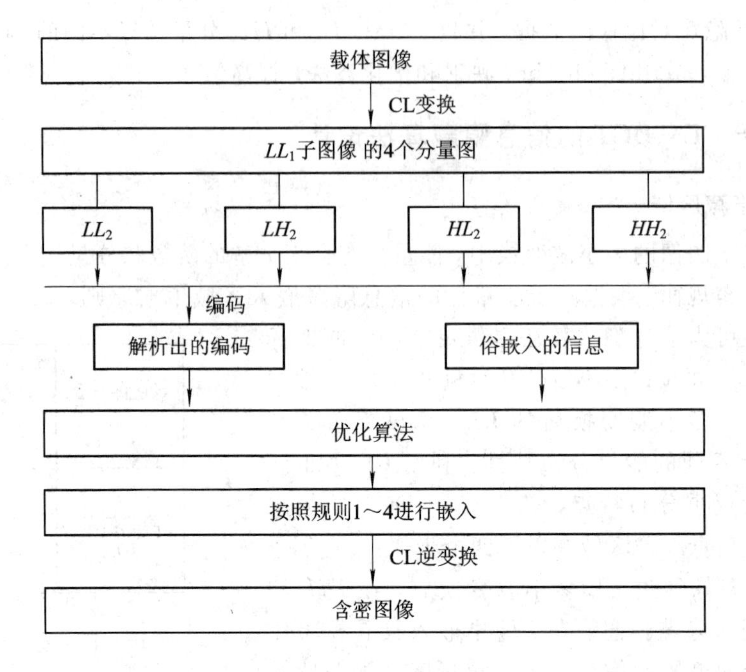

图 5-11 基于 CL 多小波与 DCT 的信息隐藏算法流程

解析，解析数据分别记作 $CLL_1^{(2)}$ 和 $CLL_1^{(3)}$。$CLL_1^{(2)}=(x_1^{(2)}, x_2^{(2)}, \cdots, x_m^{(2)})\in\{0, 1\}$，且 $0\leqslant m\leqslant N^2/2$；$CLL_1^{(3)}=(x_1^{(3)}, x_2^{(3)}, \cdots, x_n^{(3)})\in\{0, 1\}$，且 $0\leqslant n\leqslant N^2/2$。最后解析结果记作 C：

$$C=(x_1, x_2, \cdots, x_i)=(x_1^{(2)}, x_2^{(2)}, \cdots, x_m^{(2)}, x_1^{(3)}, x_2^{(3)}, \cdots, x_n^{(3)})\in\{0, 1\} \tag{5-7}$$

(4) 隐藏信息的混沌置乱采用 Chebyshev 映射方法，生成规则如式(5-8)所示：

$$\begin{cases}1, & -1\leqslant x_{k+1}<\eta \\ 0, & \eta\leqslant x_{k+1}\leqslant 1\end{cases}, \quad x_{k+1}=\cos(\mu\arccos(x_k)),\ x_n\in[-1, 1] \tag{5-8}$$

确定混沌映射式(5-8)的参数 x_n、μ 和 η，得混沌序列为 C_{h}，设欲隐藏的信息为 C_{pre}，则按照式(5-9)进行置乱：

$$C_{\mathrm{IN}}^x=C_{\mathrm{pre}}\oplus C_{\mathrm{h}} \tag{5-9}$$

欲隐藏信息按照参数 x_n、μ 和 η 所置乱后的比特序列为 C_{IN}^x，$C_{\mathrm{IN}}^x=(b_1, b_2, \cdots, b_i)=(b_1^x, b_2^x, \cdots, b_{m+n-1}^x, b_{m+n}^x)\in\{0, 1\}$。

(5) 应用优化算法进行最优调整。C_{IN}^x 与 C 序列对应位相同的个数用 F 表示，优化模型为式(5-10)，得出最优解 x_n'、η' 和 μ'：

$$F(x_n, \eta, \mu)=\max\sum(x_i\,\overline{\oplus}\,b_i) \tag{5-10}$$

(6) 将 x_n'、η' 和 μ' 代入式(5-8)和式(5-9)得最优隐藏比特，$C_{\mathrm{IN}}^y=(b_1^y, b_2^y, \cdots, b_{i-1}^y, b_i^y)\in\{0, 1\}$。$C_{\mathrm{IN}}^y$ 按照规则 2 隐藏到 LH_2 和 HL_2 分量 0 到 $N^2/2$ 的 DCT 系数中。

(7) LL_2 是鲁棒性最强的部分，为了判断和恢复因攻击而受损的隐藏信息，提高鲁棒性，对 LL_2 分量进行 DCT 变换，在 $N^2/4$ 到 N^2-1 的 DCT 系数上嵌入信息的 RAID4 校验数据、最优置乱参数 x_n'、η' 和 μ' 以及信息的 Hash 值(记为 R^{L})。

(8) HH_2 是 4 个逼近分量中最脆弱的部分，对 HH_2 进行 $l\alpha\beta$ 颜色分解，对 β 分量进行灰度转换，并进行位平面分解，按照规则 3 隐藏信息的 Hash(记为 R^H)。接收方利用 R^H 与 R^L 中嵌入信息 Hash 值的比较可以快速判断含密图像是否被篡改。

4. 信息的提取

根据隐藏信息时的算法，提取信息的过程分为五个步骤：

(1) 对含密图像进行 CL 多小波变换，得到 LL_1 子图的 4 个分量子图。

(2) 对 LL_2、LH_2 和 HL_2 进行 DCT 分解，按照规则 1 和规则 3 从 LL_2 提取 R^L。按照规则 1、规则 2 和规则 3 从 LH_2 和 HL_2 中提取出相关数据，记为 C''。

(3) 从 HH_2 中按照规则 4 提取 Hash 值 R^H。

(4) 判断 $R^L=R^H$，如果成立，则 C'' 为秘密信息，否则进行下一步。

(5) 用从 LL_2 中提取出的校验数据对 C'' 进行校验后，最终得出隐藏信息。

5.2.2 基于 CL-DCT 的信息隐藏算法性能分析

1. 不可见性与鲁棒性分析

CL-DCT 算法隐藏区域选择能量很高的 LL_1 部分(约占图像总体能量的 97.36%)，符合鲁棒性隐藏区域的基本条件。信息的主要隐藏区域是在 LH_2 和 HL_2 分量上，与 LL_2 能量相比，LH_2 和 HL_2 能量很低(分别占 LL_1 部分能量的 2.51% 和 0.62%，约占图像总体能量的2.44% 和 0.60%)，符合不可见性隐藏区域的基本条件。本算法在具有高能量 LL_2 分量的 DCT 系数中选择高频系数，符合 DCT 不可见性的隐藏区域规则；在具有能量较低的 LH_2 和 HL_2 分量的 DCT 系数中选择低频系数，符合 DCT 鲁棒性的隐藏区域规则。基于 CL 多小波与 DCT 的信息隐藏算法的总体设计思想就是在高能量部分的弱能量区域隐藏信息，这样的设计使得本算法同时具备较好的鲁棒性与不可见性。

2. 抗分析性分析

考虑到信息隐藏分析者会利用 CL 分量 LH_2 和 HL_2 的“全黑”特性进行信息隐藏分析，LH_2 和 HL_2 没有明显的纹理和图案特征，隐藏信息后容易暴露，所以 CL-DCT 算法隐藏区域选择在 DCT 高频系数区间，有效地避免了信息隐藏分析。Chebyshev 遍历统计特性与零均值白噪声的统计特性一致，使隐藏信息具有很好的分布和隐藏特性，提高了信息隐藏算法的抗分析性能。在 HH_2 分量($l\alpha\beta$ 颜色空间)中对 β 各分量灰度化后进行 LSB 信息隐藏，在满足敏锐感知性的同时抗击了基于 LSB 分析的一般信息隐藏分析方法。

3. 感知篡改性分析

CL-DCT 算法通过在能量最高的 LL_2 鲁棒单元和能量最低的 HH_2 脆弱标识单元同时隐藏信息的 Hash 值，通过对比判断，系统一定具有敏锐的感知篡改能力。

5.2.3 仿真实验

对基于 CL 多小波与 DCT 的信息隐藏算法进行实验仿真，仿真环境为 Matlab 7.0.0.19920。载体图像为 Lena 彩色图像(256×256)(图 5-12(a))；隐藏信息为 Baboon 二值图像(64×64)(图 5-12(b))。

1. 不可见性实验

依照 CL-DCT 算法得到含密图像，如图 5-12(c)所示。隐藏信息后的含密图像与载体图像的 PSNR 为 38.9837，具有很高的不可见性。

(a) 载体图像　　　　(b) 隐藏信息　　　　(c) 含密图像

图 5－12　不可见性实验

2. 鲁棒性实验

依照式(5－5)进行鲁棒性检验，操作对象为含密图像 5－12(c)。分别对其进行 JPEG2000 压缩、剪切、滤波和噪声攻击，实验结果如图 5－13 所示。

(a) JPEG2000_60% Q=50.30

(b) cutting_25% Q=63.75

(d) mean filter_[3,3] Q=73.01　　　　(d) wiener2 filter_[3,3] Q=61.36

(e) Gaussi $\mu=0,\sigma^2=0.003$ Q=75.79

(f) 'salt &pepper' d=0.15 Q=45.30

图 5－13　攻击及还原信息鲁棒性实验结果

图像最容易受到的无意攻击是压缩与剪切攻击，攻击程度所对应的鲁棒性检验结果如图 5－14 所示。

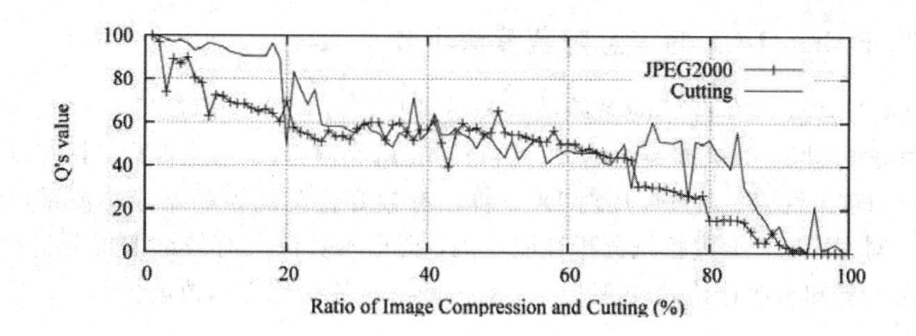

图 5-14 JPEG2000 和剪切实验

鲁棒性检验值达到 30 左右即可辨识，从图 5-14 可以得出，算法在抗击 73%以下的 JPEG2000 压缩、85%以下的剪切及常见滤波与加噪具有较好的鲁棒性，尤其抗剪切攻击可以达到了 85%左右，算法在抗击剪切攻击的性能较为突出。

3. 抗分析性实验

基于小波系数的高阶统计量分析算法是一种通用的分析算法，尤其对基于 DCT 的信息隐藏算法分析效果较好。利用基于小波系数的高阶统计量检测算法对基于 CL 多小波与 DCT 的信息隐藏算法进行分析，实验结果如图 5-15 所示。

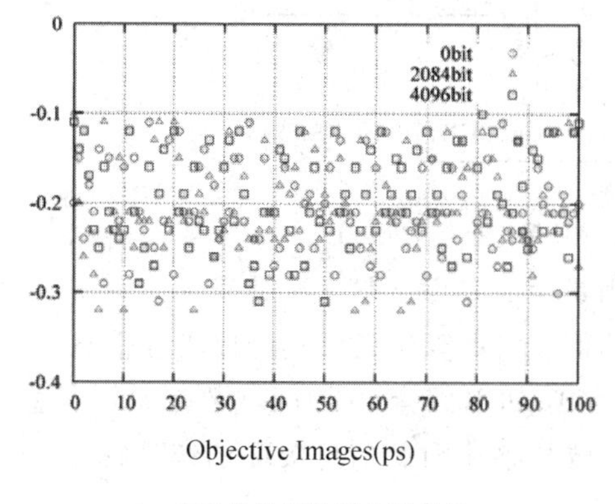

(a) 高阶统计量检测分析结果

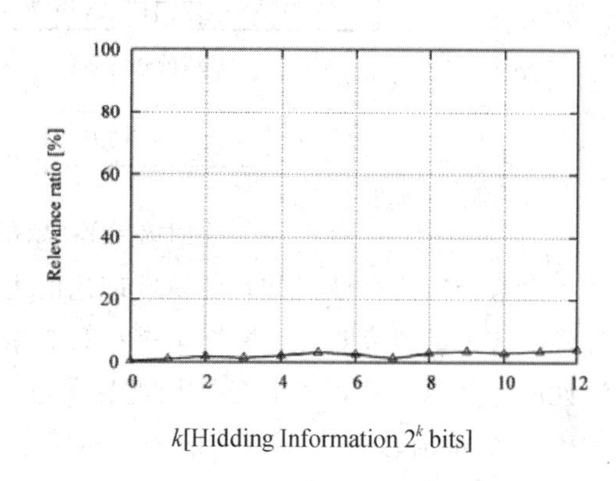

(b) 基于高阶统计量的检出率

图 5-15 基于 CL-DCT 算法在高阶统计量检测分析结果

由实验数据可知，在 100 幅随机图片结果中，无法找出区分隐藏前后的一个甚至多个阈值。使用 1000 幅随机图片进行测试，检出率低于 4%，表明基于 CL 多小波与 DCT 的信息隐藏算法抗击此类检测分析。

4. 感知篡改性实验

对 LL_2 和 HH_2 的校验数据进行对比检验，当 JPEG 压缩率为 5%、裁剪 5%、旋转 1°、均值滤波([3, 3])、白噪参数(0, 0.003)、椒盐噪声(d=0.05)时的检出率如表 5-1 所示，平均检出率达到 99.04%，具有极高的感知篡改性。

表 5-1 各种攻击的感知篡改性检出率(样本为 200 张图片)

图像处理	JPEG2000 压缩	裁剪	旋转	滤波	白噪声	椒盐噪声
感知篡改性检验率	99.35%	98.34%	99.71%	98.22%	99.38%	99.21%

5.2.4 基于 CL-DCT 的信息隐藏算法小节

CL-DCT 算法具有良好的系统特性，不可见性好，对 JPEG2000 压缩、随机剪切、[3，3]均值滤波、[3，3]二次维纳滤波、Gaussian 白噪声以及“椒盐”噪声具有较强的鲁棒性，抗击剪切攻击性强。通过应用对 DCT 算法有较好检测能力的基于小波系数的高阶统计量分析法对 CL-DCT 进行抗分析性能检测，得出本算法具有较好的抗分析性能。实验证明本算法的感知篡改性达到 99%以上，具有非常敏锐的感知窜改能力。

5.3 空间域与变换域在信息隐藏算法中的联合应用方法

空间域在信息隐藏技术中的作用主要体现在数据的隐藏嵌入方面，因为在具体的隐藏嵌入操作时，其实质是在当前环境的空间分量上进行数据修改。变换域在信息隐藏技术中的主要作用是生成具有一定性质的信息隐藏环境(区域)，主要包括变换后的系数分布、n 阶分量子图等。本书给出的基于空间域和变换域的联合应用算法是利用变换域生成符合信息隐藏特性的区域，利用空间域在生成的信息隐藏区域上进行修改，如图 5-16 所示。

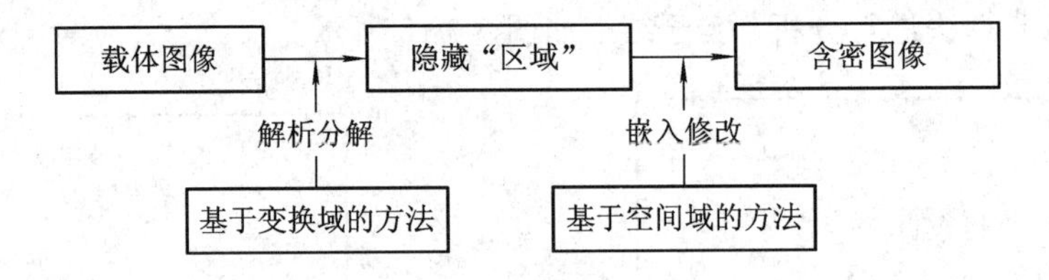

图 5-16　空间域与变换域在信息隐藏算法中的联合应用方法

由联合应用方法可知，变换域理论的主要作用是生成隐藏区域，这是基于数字图像信息隐藏技术的研究难点。根据本书在第二章提出的信息隐藏算法区域选择原则和信息与算法性能之间的关系，基于变换域的区域生成应该考虑如下因素：① 区域数据来源信息；② 区域能量信息；③ 区域的能量分布信息；④ 区域与整体图像信息关联的统计特性。表 5-2 给出了区域因素的具体含义。

表 5-2　基于变换域的区域生成因素

区域因素	具 体 含 义
数据来源信息	生成隐藏区域过程中涉及到的与人类视觉系统特性相关的图像处理信息，例如生成隐藏区域的过程变换中的基于纹理、灰度变化等信息
区域能量信息	生成隐藏区域的能量与整个载体图像能量的关系信息，例如生成的隐藏区域占总体能量的百分比、能量主要的来源等信息
能量分布信息	生成的隐藏区域本身所具有的能量分布信息，例如多小波变换后子图能量分布特性、隐藏区域中各空间以及变换域的区域分布特性
关联统计特性	生成隐藏区域所涉及的与整体数据相关的变换及变换特性，例如多小波变换同时具有对称性、短支撑性、二阶消失矩和正交性特性等

5.4 基于 GHM 与颜色迁移理论的信息隐藏算法

基于 GHM 与颜色迁移理论的信息隐藏算法是空间域和变换域联合应用的算法实例。算法利用 GHM 多小波变换 LL_1 子图的能量分布特性和颜色迁移 $l\alpha\beta$ 域对颜色的控制力和颜色迁移公式，提出基于 GHM 多小波与颜色迁移理论的信息隐藏算法(GHM - CT)。GHM - CT 算法充分考虑 $l\alpha\beta$ 颜色分量权重的特点，除去 l 分量，仅以 α 分量和 β 分量环境作为隐藏区域。利用颜色迁移方法，在 LL_2 分量上隐藏 RAID4 校验数据以及最优置乱参数等鲁棒性信息，在 LH_2 和 HL_2 分量上以 RAID4 方式隐藏信息，在 HH_2 上隐藏对比检测数据。在信息处理方面，应用 Logistic 映射和优化算法，提高信息与载体一致性以及系统的鲁棒性和抗分析性。需要说明的是，本算法不仅仅利用 $l\alpha\beta$ 颜色空间的应用优势，而是在 $l\alpha\beta$ 颜色空间下利用颜色迁移公式进行信息表达与隐藏，这与 5.1 小节算法有较大的区别。

5.4.1 基于 GHM - CT 的信息隐藏算法设计

1. 信息隐藏区域

从图 2 - 2 和表 2 - 1 可知，经过 GHM 变换后，LL_2、LH_2、HL_2 和 HH_2 的能量比大约是 4.5：2.2：2.2：1.1。利用能量权重分布特点生成隐藏区域为如下三个步骤：

(1) GHM - CT 算法经过 GHM 多小波变换后，在 LH_2 和 HL_2 分量隐藏信息，在 LL_2 中隐藏与鲁棒性相关以及有校验作用的信息，HH_2 分量嵌入脆弱性标识信息，如图 5 - 17 所示。

鲁棒性信息 LL_2	隐藏信息 LH_2
隐藏信息 HL_2	脆弱性标识 HH_2

图 5 - 17 基于 GHM 多小波一阶变换 LL_1 子图综合嵌入策略

(2) 对 LL_2、LH_2、HL_2 和 HH_2 分量子图进行 $l\alpha\beta$ 转换，如图 5 - 18 所示，记作 LL_2^I。其中，I 表示颜色分量，$I=\{l, \alpha, \beta\}$。

(a) l 分量

(b) α 分量

(c) β 分量

图 5 - 18 一阶 GHM 逼近子图的 $l\alpha\beta$ 转换

(3) 除去 l 分量，以 α 分量和 β 分量为信息隐藏区域。

2. 信息隐藏规则

基于 GHM 多小波与颜色迁移理论的信息隐藏规则是利用颜色迁移理论的 $l\alpha\beta$ 迁移方程对数据单元进行修改，达到信息隐藏的目的，具体规则如下：

规则 1：根据第二章 2.2.3 小节的 A、B 图像选择原理，GHM－CT 的 A、B 图像选取如图 5－19 所示。空域像素块(2×2)为信息隐藏基本单元，满足“AB 图像缩小范围”原则，A_1、A_2 组成颜色图像 A，B_1、B_2 组成形状图像 B，其中 A_1 与 B_1 的重合满足“就近或部分交叉”原则。

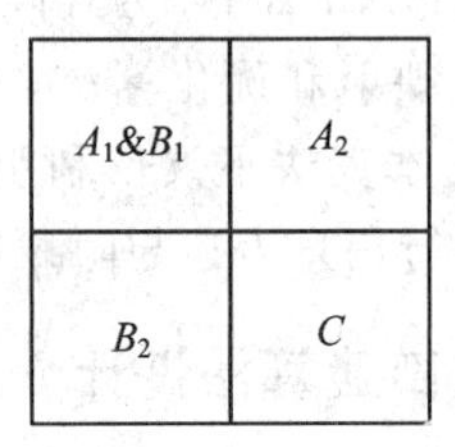

图 5－19　基于颜色迁移的 A、B 图像选取

规则 2：根据 l、α、β 分量的权重特性，基于 GHM 多小波与颜色迁移理论的信息隐藏算法只对 α、β 分量进行调整，调整规则如式(5－11)所示：

$$\begin{aligned}\alpha_C' &= \frac{\sigma\alpha_A}{\sigma\alpha_B}(\alpha_{B2}-\overline{\alpha_B})+\overline{\alpha_A}\\ \beta_C' &= \frac{\sigma\beta_A}{\sigma\beta_B}(\beta_{B2}-\overline{\beta_B})+\overline{\beta_A}\end{aligned} \tag{5-11}$$

规则 3：每个基本单元(2×2)可隐藏两位信息，隐藏位置分别为像素 C 的 α、β 位。如表 5－3 所示，其中“√”表示数据不修改，其余则按照式(5－11)修改成表格中的数据。

表 5－3　隐藏信息规则

修改位	嵌入信息			
	00	01	10	11
α_C	√	√	α_C'	α_C'
β_C	√	β_C'	√	β_C'

3. 信息隐藏的流程与步骤

GHM－CT 算法的信息隐藏流程分为七个步骤，如图 5－20 所示。

(1) 对载体图像进行 GHM 多小波变换，分解出 LL_1 子图的 4 个逼近子图，对 4 个逼近子图进行 $l\alpha\beta$ 颜色空间转换，分离出 α、β 分量，记作 LL_2^α、LH_2^α、HL_2^α、HH_2^α 和 LL_2^β、LH_2^β、HL_2^β、HH_2^β；

(2) 对 LH_2、HL_2 进行编码，像素块(2×2)按照行遍历顺序编码，编码公式如式(5－12)所示：

$$C=\begin{cases}01, & \Delta_\beta<\Delta_\alpha\\ 10, & \Delta_\beta>\Delta_\alpha\end{cases} \tag{5-12}$$

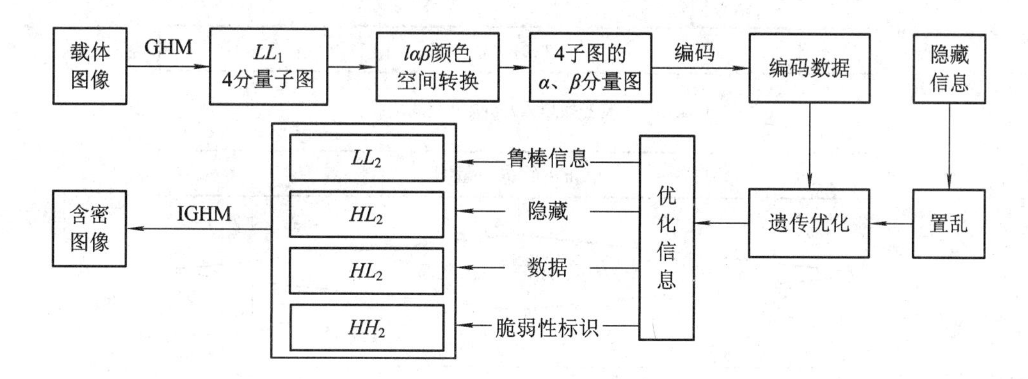

图 5-20　基于 GHM 多小波和颜色迁移的信息隐藏流程图

其中，$\Delta_\beta=|\beta_C-\beta'_C|$，$\Delta_\alpha=|\alpha_C-\alpha'_C|$，$\beta_C$ 与 α_C 为原像素 C 的 α、β 分量值，α'_C、β'_C 为式(5-11)的计算值。00 优先级最高，11 优先级最低，所以最终编码比特中不出现 00、11。LH_2、HL_2 编码分别用 $C_{LH}=(t'_1, t'_2, \cdots, t'_k, t'_i)\in\{01, 10\}$ 和 $C_{HL}=(t''_1, t''_2, \cdots, t''_k, t''_i)\in\{01, 10\}$ 表示。由 C_{LH} 和 C_{HL} 生成信息隐藏单元 LH_2 与 HL_2 的最后编码为 $C=(t'_1, t''_1, t'_2, t''_2, \cdots, t'_k, t''_k, t'_i, t''_i)=(t_1, t_2, \cdots, t_n)\in\{01, 10\}$，$n=2i$。

(3) 隐藏信息的混沌置乱采用 Logistic 映射方法，定义如式(5-13)所示：

$$x_{k+1}=\mu x_k(1-x_k),\quad x_k\in(0, 1) \tag{5-13}$$

确定 Logistic 映射的参数 μ 以及初始值 x_k，则设欲隐藏信息按照参数 x_k 所置乱后的比特序列为 $C^x_{\text{IN}}=(b^x_1, b^x_2, \cdots, b^x_{n-1}, b^x_n)\in\{00, 01, 10, 11\}$。

(4) 应用遗传算法进行最优调整。C^x_{IN} 与 C 序列对应位相同的个数用 F 表示，优化 x_k 使 F 尽量大，优化模型为式(5-14)，得出最优解 y：

$$F(y)=\max F(x_k)=\max\sum(t_n\overline{\oplus}b^x_n) \tag{5-14}$$

(5) 将 y 代入 C^x_{IN} 得最优隐藏比特 $C^y_{\text{IN}}=(b^y_1, b^y_2, \cdots, b^y_{n-1}, b^y_n)\in\{00, 01, 10, 11\}$。$C^y_{\text{IN}}$ 按照表 5-3 所示的隐藏规则，按照 RAID4 行遍历顺序交叉隐藏到 LH_2 和 HL_2 中，8 位为 RAID4 基本数据块单元，生成校验数据。

(6) LL_2 是鲁棒性最强的部分，为判断和恢复受损的隐藏信息，提高鲁棒性，LL_2 隐藏了信息的 RAID4 校验数据(记为 R^{L})、最优置乱参数 y 以及 μ。

(7) HH_2 是二阶分量中最脆弱的部分，在 HH_2 同样隐藏了信息的 RAID4 校验数据(记为 R^{H})，接收方利用 R^{H} 与 R^{L} 的比较快速判断含密图像是否被篡改。

4. 信息的提取

GHM-CT 算法的信息提取分为四个步骤，流程图如图 5-21 所示。

(1) 对含密图像进行一阶 GHM 多小波变换和 $l\alpha\beta$ 颜色空间转换，得到 4 个逼近子图 LL_2、LH_2、HL_2、HH_2。

(2) 从 LL_2 中提取 y、μ 和 R^{L}，HH_2 中提取 R^{H}。

(3) 判断：若 $R^{\text{L}}=R^{\text{H}}$，说明未受攻击，则按照 y 从 LH_2 与 HL_2 完成对隐藏信息的提取；若 $R^{\text{L}}\neq R^{\text{H}}$，说明受到攻击或修改，则继续。

(4) 用 y 以及校验数据 R^{L} 从 LH_2 和 HL_2 中提取隐藏信息。

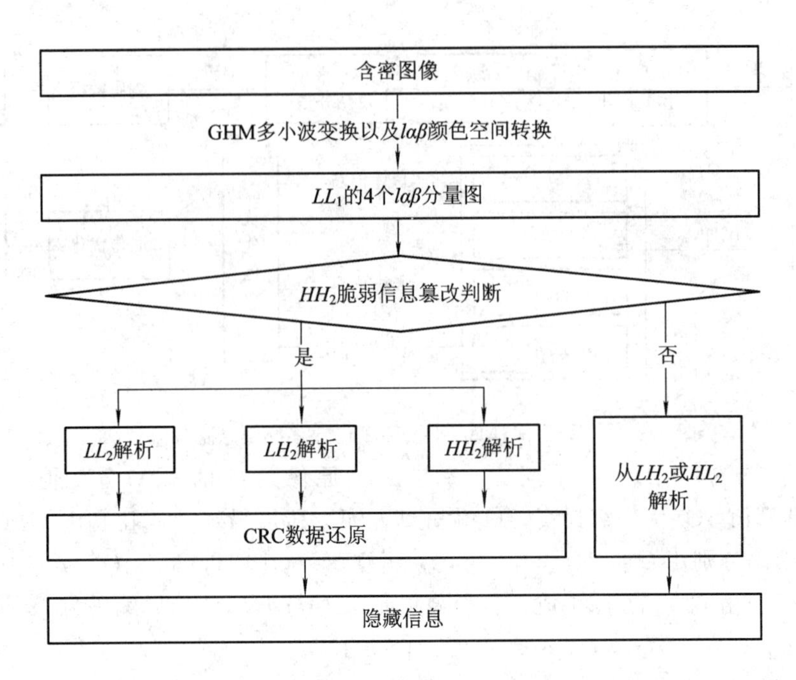

图 5-21　基于 GHM 多小波和颜色迁移的信息提取流程

5.4.2　基于 GHM-CT 的信息隐藏算法性能分析

1. 鲁棒性分析

根据基于 GHM 多小波子图的能量分布特性，隐藏区域选择了能量很高的 LL_1 部分(约占图像总体能量的 97.31%)，符合鲁棒性隐藏区域的基本条件。GHM-CT 算法利用约占整个载体图像 45%的能量区域(LH_2 和 HL_2 分量区域)作为信息主要隐藏区域，以及在 LH_2 和 HL_2 分量中应用 RAID4 数据冗余及还原技术，增强信息隐藏算法的鲁棒性。

2. 不可见性分析

基于 $l\alpha\beta$ 颜色空间的弱相关性，使得改变任意分量而无需考虑其他维度分量的变化。空域隐藏单元(2×2)以及颜色图像公共区域的选取，使得单元(2×2)具有两位信息隐藏量，同时缩小颜色迁移的面积和跨度。GHM-CT 算法仅对 α、β 进行改变，Logistic 映射和遗传优化算法的介入，大大降低对载体图像的改变，提高本算法的不可见性。

3. 抗分析性分析

在抗分析方面，基于 GHM 多小波变换的频率域区别于以往 DCT 或 DWT 的变换特性，可以抵抗一般分析方案。Logistic 置乱使隐藏信息具有很好的分布和隐藏特性。在 $l\alpha\beta$ 颜色空间上，基于颜色迁移规则的信息隐藏方案使图像在自身统计特性的情况下进行改变，即不会对载体图像的统计特性有较大的修改，有助于增强信息隐藏算法的抗分析性能。

4. 感知篡改性分析

利用 GHM 多小波变换子图能量分布特性，在能量最高的 LL_2 鲁棒单元和能量最低的 HH_2 脆弱标识单元同时嵌入隐藏信息的 RAID4 校验数据，通过对比判断，使系统具有敏锐的感知篡改能力。

5.4.3 仿真实验

对 GHM－CT 算法进行实验仿真，仿真环境为 Matlab。载体图像为 Lena 彩色图像(256×256)(图 5－22(a))；隐藏信息为 Boboon 二值图像(64×64)(图 5－22(b))。

1. 不可见性实验

依照 GHM－CT 算法得到含密图像，如图 5－22(c)所示。隐藏信息后的含密图像与载体图像的 PSNR 为 34.1954，具有较好的不可见性。

(a) 载体图像

(b) 隐藏信息

(c) 含密图像

图 5－22　不可见性实验

2. 鲁棒性实验

依照鲁棒性验证算法对 GHM－CT 进行鲁棒性衡量，分别对其进行 JPEG2000 压缩、剪切、旋转、滤波和噪声攻击，实验结果如图 5－23 所示。

(a) 含密图像以及所含完整信息

(b) JPEG2000_58%Q=55.00

(c) cutting_19%Q=89.37

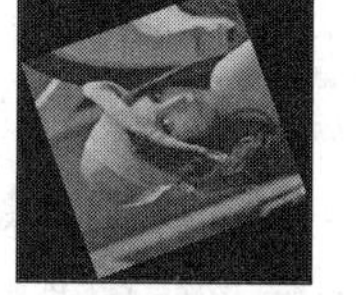

(d) rotation=110.5°Q=10.22

(e) mean filter_[3,3]Q=60.23

(f) wiener2 filter_[3,3]Q=57.48

(g) Gaussi_μ=0,σ^2=0.003Q=70.26

(h) 'salt &pepper'_d=0.15Q=30.25

图 5－23　攻击及还原信息鲁棒性实验结果

图像最容易受到的无意攻击是压缩和剪切攻击，攻击程度所对应的鲁棒性检验结果如图 5 - 24 所示。

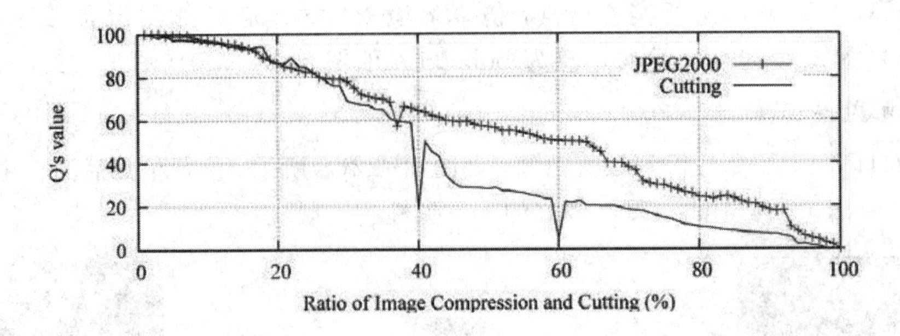

图 5 - 24　JPEG2000 和剪切实验

对算法进行随机旋转实验，如图 5 - 25 所示。

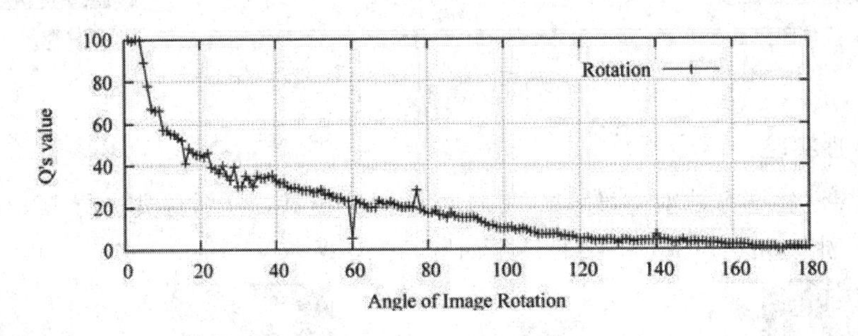

图 5 - 25　旋转实验

根据图 5 - 23 的可视实验结果可知，鲁棒性检验值达到 30 左右即可辨识。从图 5 - 24 和图 5 - 25 可以得出，算法在抗击 74%以下的 JPEG2000 压缩、45%以下的剪切、小于 43°的旋转及常见滤波与加噪时具有较强的鲁棒性。

3. 抗分析性实验

基于 GHM 与颜色迁移理论的信息隐藏算法中，实施信息隐藏的是基于颜色迁移理论的迁移方程，对载体图像颜色信息进行了修改。直方图是反映颜色信息的一种有效的图像解析方法。图 5 - 26(a)是隐藏信息量从 0～2^{14} bit 的基于直方图分析的特征描述量 Diff 的变化曲线以及相应检出率。

随着信息隐藏量的增大，Diff 有增大的趋势，在 $k\in[0, 10)$ 区间增长率极小，在 $k\in[10, 13]$ 区间增长率略微增加，但不足以成为分析的明确特征。使用 1000 幅随机图片进行测试(如图 5 - 26(b))，检出率低于 5.76%，且主要检出在 $k=12$ 以上，GHM - CT 算法对基于直方图特征分析的方法(颜色分析思想)具有较强的抗分析性。

4. 感知篡改性实验

对 LL_2 和 HH_2 的校验数据进行对比检验，当攻击类型和强度分别为 JPEG 压缩率 5%、裁剪 5%、旋转 1°、均值滤波([3, 3])、白噪参数(0, 0.003)、椒盐噪声($d=0.05$)时的检出率如表 5 - 4 所示，平均检出率达到 91.37%，表明 GHM - CT 算法对篡改具有敏锐的感知性。

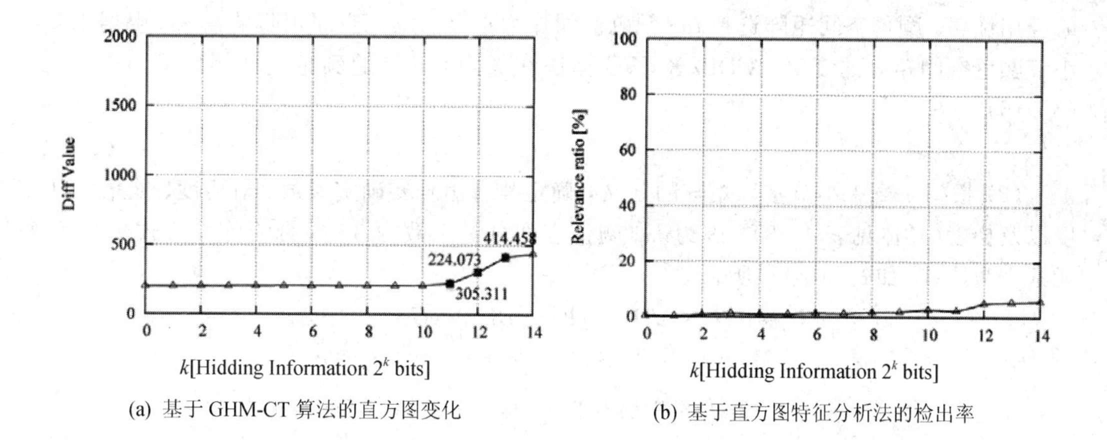

(a) 基于GHM-CT算法的直方图变化　　(b) 基于直方图特征分析法的检出率

图5-26　基于GHM-CT算法在基于直方图分析法的检测结果

表5-4　各种攻击的感知篡改性检出率(样本为200张图片)

图像处理	JPEG2000压缩	裁剪	旋转	滤波	白噪声	椒盐噪声
脆弱性检验率	85.35%	81.34%	95.71%	95.22%	94.38%	96.21%

5.4.4　基于GHM-CT的信息隐藏算法小节

实验证明，GHM-CT算法具有良好的系统特性，不可见性很好，且对JPEG 2000压缩、随机剪切、旋转、[3，3]均值滤波、[3，3]二次维纳滤波以及Gaussian白噪声具有较强的鲁棒性。通过应用针对颜色变化有较好分析效果的基于直方图特征的分析方法进行检测，得出本算法具有较好的抗分析性能。实验证明本算法的感知篡改性达到91%以上。

5.5　基于CARDBAL2与颜色场结构法的信息隐藏算法

利用CARDBAL2多小波变换在最低分辨率子图上的能量分布特性和颜色场结构法的图像解析，提出基于CARDBAL2多小波与颜色场结构法的信息隐藏算法(CDB2-CFC)。在解析载体图像时，颜色场结构法充分考虑人类视觉系统与信息隐藏性能之间的关系，使CDB2-CFC算法生成的隐藏区域符合信息隐藏应用的要求。本算法充分考虑$l\alpha\beta$颜色空间在信息隐藏技术中的应用优势，以$l\alpha\beta$分量值作为颜色场结构法的信息输入，使颜色场结构充分继承了$l\alpha\beta$颜色空间的优点。本算法对颜色场结构法解析出的数据进行骑士巡游遍历，并应用Logistic映射和优化算法，提高信息与载体一致性和安全性。

5.5.1　基于CDB2-CFC的信息隐藏算法设计

1. 信息隐藏区域

CARDBAL2多小波变换后能量不但汇聚在最低分辨率的子图上，而且还平均分摊在最低分辨率子图的4个分量上。基于分量的能量权重分布，CDB2-CFC算法生成信息隐藏区域分为如下七个步骤：

(1) 利用颜色场结构有继承颜色空间性质的特性以及$l\alpha\beta$颜色空间在信息隐藏技术中

的应用优势，颜色空间矩阵选择 $l\alpha\beta$ 颜色空间作为本算法颜色空间矩阵的输入。根据 4.2.1 小节颜色空间矩阵的定义，CDB2 - CFC 算法在像素 (i, j) 的颜色空间矩阵 $\boldsymbol{C}_{ij}'$ 定义如式(5 - 15)：

$$\boldsymbol{C}_{ij}' = [x_l^{ij}, x_\alpha^{ij}, x_\beta^{ij}] \tag{5-15}$$

(2) 根据 4.2.1 小节整合矩阵的定义，确定整合矩阵要确定熵值、对比度、能量、均匀度以及梯度(具体见表 4 - 3)。因为 $l\alpha\beta$ 颜色空间分量个数为 3，整合矩阵及公式中各矩阵元素个数取 3，如式(5 - 16)所示：

$$\begin{aligned}\boldsymbol{T}' &= h\boldsymbol{H}' + d\boldsymbol{D}' + e\boldsymbol{E}' + r\boldsymbol{R}' + g\boldsymbol{G}' \\ &= h\begin{bmatrix} h_l \\ h_\alpha \\ h_\beta \end{bmatrix} + d\begin{bmatrix} d_l \\ d_\alpha \\ d_\beta \end{bmatrix} + e\begin{bmatrix} e_l \\ e_\alpha \\ e_\beta \end{bmatrix} + r\begin{bmatrix} r_l \\ r_\alpha \\ r_\beta \end{bmatrix} + g\begin{bmatrix} g_l \\ g_\alpha \\ g_\beta \end{bmatrix} \\ &= [t_l \quad t_\alpha \quad t_\beta]^{\mathrm{T}} \end{aligned} \tag{5-16}$$

(3) 按照 4.2.1 小节信息矩阵的定义，提取图像像素 (i, j) 结构与应用的信息，如式(5 - 17)所示：

$$a_{ij}' = C_{ij}'\boldsymbol{T}' \tag{5-17}$$

信息矩阵记为 $\boldsymbol{I}'$，如式(5 - 18)所示：

$$\boldsymbol{I}' = \begin{bmatrix} a_{11}' & a_{12}' & \cdots & a_{1N}' \\ a_{21}' & a_{22}' & \cdots & a_{2N}' \\ \vdots & \vdots & & \vdots \\ a_{N1}' & a_{N2}' & \cdots & a_{NN}' \end{bmatrix} \tag{5-18}$$

(4) 根据式(4 - 6)的定义，生成载体图像颜色场结构，如式(5 - 19)所示：

$$\boldsymbol{M}' = I' \bmod 2\pi = \begin{bmatrix} m_{11} & m_{12} & \cdots & m_{1N} \\ m_{21} & m_{22} & \cdots & m_{2N} \\ \vdots & \vdots & & \vdots \\ m_{N1} & m_{N2} & \cdots & m_{NN} \end{bmatrix} \tag{5-19}$$

(5) 对载体图像进行 CARDBAL2 多小波变换，生成一阶 4 分量子图，记作 LL_2、LH_2、HL_2 和 HH_2。

(6) 对 LL_2、LH_2、HL_2 和 HH_2 运行步骤(1)～(4)，生成各自分量的颜色场结构，记作 LL_2'、LH_2'、HL_2' 和 HH_2'。

(7) 用 LL_2'、LH_2'、HL_2' 和 HH_2' 作为信息隐藏单元。将欲隐藏的信息分为两部分，LL_2' 和 HH_2' 隐藏一部分信息，且两分量隐藏相同的信息；LH_2' 和 HL_2' 隐藏另一部分信息，两分量也隐藏相同的信息，如图 5 - 27 所示。

隐藏信息 (Part1) LL_2	隐藏信息 (Part2) LH_2
隐藏信息 (Part2) HL_2	隐藏信息 (Part1) HH_2

图 5 - 27　基于 CARDBAL2 多小波变换 LL_1 子图信息综合隐藏策略

2. 信息隐藏规则

在基于 CARDBAL2 多小波与颜色场结构法的信息隐藏算法中，颜色场结构的“方向”代表信息，利用对场方向(矩阵 $\boldsymbol{M}'$)进行改变达到信息隐藏的目的，信息隐藏规则如下：

规则 1：颜色场方向与所表示的信息规则如表 5－5 所示，其中 $\lambda=(0, 1, \cdots, 2^{k-1})$，$k=(0, 1, \cdots, +\infty)\in Z^*$。

规则 2：隐藏信息时，方向改变遵循就近原则。由表 5－5 可知，最大改变量为$\pi/2^k$。当 k＝2 时，颜色场结构的方向与代表信息的示意图如图 5－28 所示，例如，凡在黑色区域的颜色场方向均代表“00”。

表 5－5　基于颜色场结构的信息隐藏规则

表示信息	表 示 信 息
“00”	$[\lambda\pi/2^{k-1}, (1+4\lambda)\pi/2^{k+1})$
“01”	$[(1+4\lambda)\pi/2^{k+1}, (1+2\lambda)\pi/2^{k})$
“10”	$[(1+2\lambda)\pi/2^{k}, (3+4\lambda)\pi/2^{k+1})$
“11”	$[(3+4\lambda)\pi/2^{k+1}, (1+\lambda)\pi/2^{k-1})$

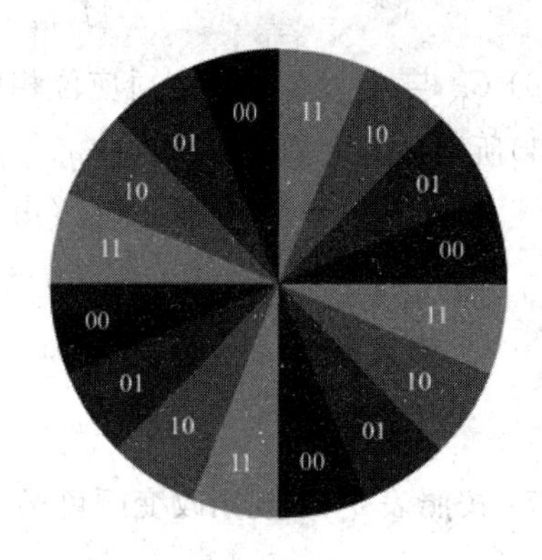

图 5－28　颜色场结构的信息表示区域($k=2$)

3. 信息隐藏的流程与步骤

基于 CARDBAL2 多小波与颜色场结构法的信息隐藏分为八个步骤，总体流程如图 5－29 所示。

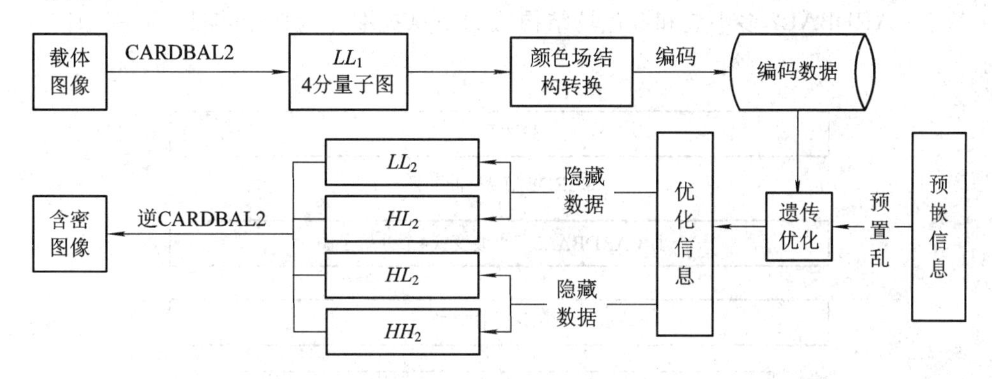

图 5－29　基于 CARDBAL2 多小波和颜色场结构法的隐藏信息流程图

(1) 对载体图像进行 CARDBAL2 多小波变换，分解出 LL_1 子图的 4 个逼近子图。

(2) 分别对 4 个子图进行颜色场结构的提取，记作 LL_2'、LH_2'、HL_2'、HH_2'。

(3) 按照表 5－5 规则对 4 个子图的颜色场结构进行骑士巡游(见图 4－4)遍历编码，编码分别记作 $C_{LL}=t_1, t_2, \cdots, t_{k-1}, t_k$、$C_{LH}=t_1', t_2', \cdots, t_{k-1}', t_k'$、$C_{HL}=t_1'', t_2'', \cdots, t_{k-1}'', t_k''$ 和 $C_{HH}=t_1''', t_2''', \cdots, t_{k-1}''', t_k'''$。

(4) 隐藏信息的混沌置乱法则采用 Logistic 映射。将隐藏的信息平均分为两部分，设这两部分信息分别按照参数(μ_1, x_k^1)和(μ_2, x_k^2)置乱，置乱后的比特序列分别为 $C_{\mathrm{IN}}^{x_1}=(b_1^{x_1}, b_2^{x_1}, \cdots, b_{k-1}^{x_1}, b_k^{x_1})$和 $C_{\mathrm{IN}}^{x_2}=(b_1^{x_2}, b_2^{x_2}, \cdots, b_{k-1}^{x_2}, b_k^{x_2})$。

(5) 应用优化算法进行最优调整。$C_{\mathrm{IN}}^{x_1}$与 C_{LL}、C_{HH}序列对应位相同的个数分别用 F_{LL} 和 F_{HH}表示，优化模型定义如式(5－20)所示。优化求出最优解(μ_L, y_L)，将 y_L代入 $C_{\mathrm{IN}}^{x_1}$得出

最优嵌入比特 $C_{\mathrm{IN}}^{y_L}$：

$$\begin{cases}F(\mu_L,\ y_L)=\max(F_L)\\F_L=F_{LL}+F_{HH}\\F_{LL}=\max\sum(t_k\overline{\oplus}b_k^{x_1})\\F_{HH}=\max\sum(t_k'''\overline{\oplus}b_k^{x_1})\end{cases}\tag{5-20}$$

(6) $C_{\mathrm{IN}}^{x_2}$ 与 C_{LH}、C_{HL} 序列对应位相同的个数分别用 F_{LH} 和 F_{HL} 表示，优化模型定义如式(5-21)所示。优化求出最优解(μ_H，y_H)，将 y_H 代入 $C_{\mathrm{IN}}^{x_2}$ 得出最优嵌入比特 $C_{\mathrm{IN}}^{y_H}$：

$$\begin{cases}F(\mu_H,\ y_H)=\max(F_H)\\F_H=F_{LH}+F_{HL}\\F_{LH}=\max\sum(t_k'\overline{\oplus}b_k^{x_2})\\F_{HL}=\max\sum(t_k''\overline{\oplus}b_k^{x_2})\end{cases}\tag{5-21}$$

(7) 按照表 5-5 规则改变颜色场方向，以骑士巡游遍历顺序将 $C_{\mathrm{IN}}^{y_L}$ 分别隐藏到 LL_2' 和 HH_2' 中，将 $C_{\mathrm{IN}}^{y_H}$ 分别隐藏到 LH_2' 和 HL_2'。

(8) 将修改后的 LL_2'、LH_2'、HL_2'、HH_2' 分量经过 CARDBAL2 多小波逆变换还原成含密图像。

4. 信息的提取

基于 CARDBAL2 多小波和颜色场结构法的信息提取分为四个步骤，流程如图 5-30 所示。

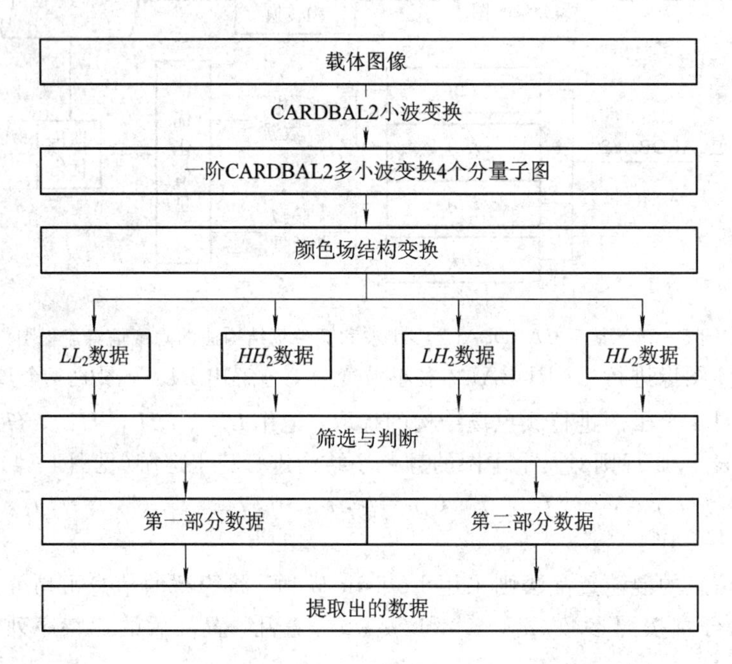

图 5-30 基于 CARDBAL2 多小波和颜色场结构法的信息提取流程

(1) 对含密图像进行一阶 CARDBAL2 多小波变换，得到 4 个逼近子图 LL_2、LH_2、HL_2、HH_2。

(2) 根据颜色场结构法的定义，对 4 分量子图进行颜色场结构提取。

(3) 按照规则(表 5-5)，从 LL_2 和 HH_2 提取信息的第一部分，记作 $C_{\mathrm{IN}}^{y_L'}$ 和 $C_{\mathrm{IN}}^{y_L''}$，从 LH_2 和 HL_2 提取信息的剩余部分，记作 $C_{\mathrm{IN}}^{y_H'}$ 和 $C_{\mathrm{IN}}^{y_H''}$。

(4) 若 $C_{\mathrm{IN}}^{y_L'}=C_{\mathrm{IN}}^{y_L''}$，表示没有受到攻击，$C_{\mathrm{IN}}^{y_L'}$ 或 $C_{\mathrm{IN}}^{y_L''}$ 即为隐藏信息的第一部分；若 $C_{\mathrm{IN}}^{y_L'}\neq C_{\mathrm{IN}}^{y_L''}$，说明受到攻击，则对 $C_{\mathrm{IN}}^{y_L'}$ 和 $C_{\mathrm{IN}}^{y_L''}$ 进行信息挑选。同理 $C_{\mathrm{IN}}^{y_H'}$ 和 $C_{\mathrm{IN}}^{y_H''}$。

5.5.2 基于 CDB2-CFC 的信息隐藏算法性能分析

1. 不可见性分析

CDB2-CFC 算法通过改变颜色场结构的方向进行信息隐藏。一方面，颜色场结构的生成充分考虑了颜色、纹理和梯度对不可见性的影响；另一方面，借助计算机可以使隐藏的区域划分密集(通常参数 $k\geq 8$，即最大改变角度小于 0.7°)，使得本算法在隐藏信息时，既考虑了人类视觉规律，又对载体图像改变较小。Logistic 混沌映射和优化算法大大降低隐藏信息对载体图像的改变，使系统具有很好的不可见性。

2. 鲁棒性分析

利用 CARDBAL2 多小波子图的能量分布特性，CDB2-CFC 算法提出在 4 个分量中进行两两隐藏相同数据的双冗余隐藏策略，冗余隐藏区域分别是以最高能量 LL_2 与最低能量 HH_2 的组合，以及中等能量 LH_2 与 HL_2 组合。颜色场结构中包括图像熵值、能量与均匀度，这都可以使信息隐藏具有较强的鲁棒性能。骑士巡游对图像进行像素位置置乱后，图像只是模糊了细节，本算法应用此特性进行隐藏数据(图像)的模糊恢复，提高了鲁棒性能。

3. 感知篡改性分析

CDB2-CFC 算法利用 LL_2 和 HH_2 以及 LH_2 和 HL_2 提取信息的对比判断，即最高鲁棒单元与最低鲁棒单元的数据对比以及中间能量单元的补充数据对比，使本算法具有极高的感知篡改能力。

4. 抗分析性分析

在抗分析性方面，基于 CARDBAL2 多小波与颜色场结构法的信息隐藏算法是对图像基础要素，即结构要素进行修改，从理论上有效避免基于统计特性以及位平面随机特性等算法的分析。

5.5.3 仿真实验

仿真环境为 Matlab 7.0.0.19920，载体图像为 Lena 彩色图像(256×256)，如图 5-31(a)所示；隐藏信息为 Baboon 二值图像(64×64)，如图 5-31(b)所示。

1. 不可见性实验

按照隐藏规则(见表 5-5)，当 $k=10$ 时，含密图像如图 5-31(c) 所示。隐藏信息后的含密图像与载体图像的 PSNR 为 37.8461，具有很高的不可见性。

(a) 载体图像　　(b) 隐藏信息　　(c) 含密图像

图 5-31　基于 CARDBAL2 多小波与颜色场结构法的信息隐藏结果

由隐藏规则可知，k 决定了隐藏区间的划分密度，密度越大，颜色场方向改变越小，不可见性越高。

2. 鲁棒性实验

依照鲁棒性验证算法对 CDB2-CFC 进行鲁棒性衡量，分别对其进行 JPEG2000 压缩、剪切、旋转、滤波和噪声攻击，实验结果如图 5-32 所示。

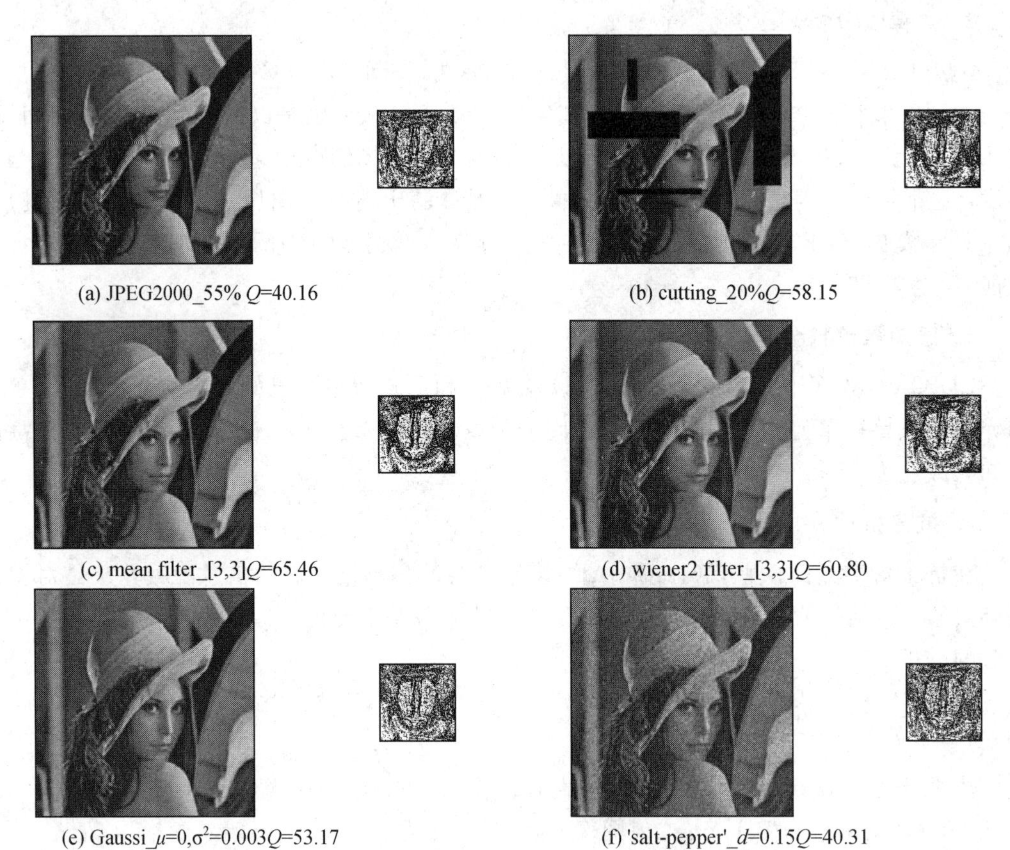

(a) JPEG2000_55% Q=40.16　　(b) cutting_20%Q=58.15

(c) mean filter_[3,3]Q=65.46　　(d) wiener2 filter_[3,3]Q=60.80

(e) Gaussi_μ=0,σ^2=0.003Q=53.17　　(f) 'salt-pepper'_d=0.15Q=40.31

图 5-32　攻击及还原信息鲁棒性实验结果

图像最容易受到的攻击是压缩与剪切，对含密图像 5-31(c)进行 0～100％的压缩与剪切攻击，攻击程度所对应的鲁棒性检验结果对比如图 5-33 所示。

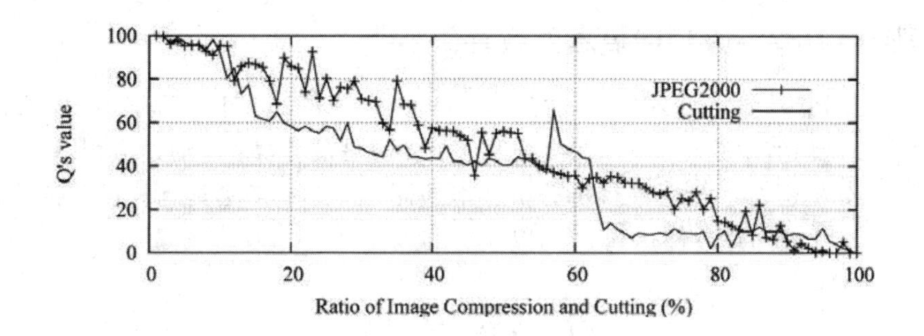

图 5-33　JPEG2000 和随机剪切实验

根据实验数据可知，鲁棒性检验值达到 30 左右即可以辨识。根据图 5-33 所示，算法在 70%的压缩以及 62%的剪切区域均高于 30，说明具较强的鲁棒性。

3. 感知篡改性实验

当 JPEG 压缩率为 5%、裁剪 5%、旋转 1°、均值滤波([3，3])、白噪参数(0，0.003)、椒盐噪声(d=0.05)时，对 LL_2 和 LH_2 以及 HL_2 和 HH_2 的提取数据进行对比检验(见表 5-6)，平均检出率达到 97.86%。基于 CARDBAL2 多小波与颜色场结构法的信息隐藏算法具有敏锐的感知篡改性。

表 5-6　各种攻击的感知篡改性检出率(样本为 200 张图片)

图像处理	JPEG2000 压缩	裁剪	滤波	白噪声	椒盐噪声
感知篡改性检验率	94.57%	99.12%	100%	98.14%	97.46%

4. 抗分析性实验

利用基于小波系数的高阶统计量分析算法对 CDB2-CFC 进行检测分析，实验结果如图 5-34(a)所示。

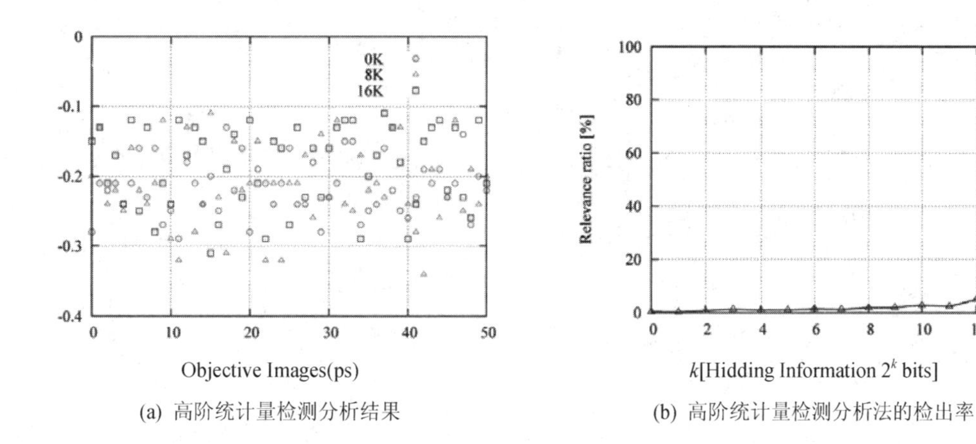

(a) 高阶统计量检测分析结果　　(b) 高阶统计量检测分析法的检出率

图 5-34　基于 CDB2-CFC 算法在双统计量检测分析法中的检测结果

在 50 幅随机图片结果中，无法找出区分隐藏前后的一个甚至多个阈值，表明基于 CARDBAL2 多小波与颜色场法的信息隐藏算法抗击此类检测分析。使用 500 幅随机图片进行测试(如图 5-34(b)所示)，最大检出率低于 14.1%，证明 CDB2-CFC 的抗分析性较强。

5.5.4 基于 CDB2-CFC 的信息隐藏算法小节

CDB2-CFC 算法具有良好的系统特性，不可见性较好，且对 JPEG2000 压缩、随机剪切、旋转、[3，3]均值滤波、[3，3]二次维纳滤波均具强的鲁棒性。通过应用基于小波系数的高阶统计量分析法对本算法进行抗分析性能检测，得出本算法具有较强的抗分析性能。实验证明本算法的感知篡改性达到 97％以上。

本 章 习 题

1. 在基于 $l\alpha\beta$ 与组合广义位平面的信息隐藏算法中，第一步为什么要抽取 l 分量，有什么样的考虑？

2. 在基于 $l\alpha\beta$ 与组合广义位平面的信息隐藏算法中，为什么要引入 Bit Plane 3 作为辅助位平面以及 Bit Plane 7 作为基准位平面，有什么样的考虑？

3. 在基于 $l\alpha\beta$ 与组合广义位平面的信息隐藏算法中，对载体图像进行置乱有哪些性能优势？

4. 在基于 CL 多小波与 DCT 的信息隐藏算法中，信息隐藏在哪个区域，为什么？

5. 在基于 CL 多小波与 DCT 的信息隐藏算法中，如何实现高灵敏度的感知篡改性？

6. 空间域与变换域在信息隐藏算法中的联合应用方法是什么？

7. 在基于 GHM 与颜色迁移理论的信息隐藏算法中，信息隐藏在哪个区域，为什么？

8. 在基于 CARDBAL2 多小波与颜色场结构法的信息隐藏算法中，信息隐藏在哪个区域，为什么？

第六章　基于三维模型的信息隐藏算法

对于传输秘密信息应用的信息隐藏算法来说，三维模型作为载体嵌入的信息量相当可观。本章提出两种三维模型的信息隐藏算法，分别利用内切球解析理论和 Mean Shift 聚类分析理论对模型进行预处理，得到隐藏区域。这两种算法分别是基于空间域与空间域以及变换域与空间域的联合应用，充分利用了空间域算法优势，提高了算法的容量性。

6.1　基于骨架和内切球解析的三维模型信息隐藏算法

基于骨架和内切球解析(Skeleton and Inscribed Sphere，SIS)的信息隐藏算法首先利用距离变换算法抽取模型骨架。如图 6－1 所示为原始的基于距离变换的骨架抽取原理图。

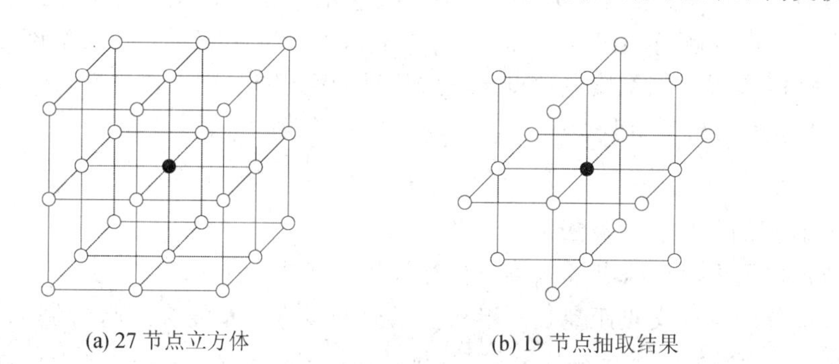

图 6－1　原始的基于距离变换的骨架抽取原理图

在抽取骨架过程中得到一系列的骨架点。利用模型骨架的定义，以各骨架点为球心得出欧氏最大内切球(Euclidean Maximum Inscribed Sphere，EMIS)。对各个欧氏最大内切球做内接正方体运算，并进一步求得各个内接正方体的内切球，即按照内接正方体→内切球→内接正方体→……→内切球的顺序做运算。根据规定阈值(阈值确定的具体办法见 6.1.1 小节)，依次求得三维模型的各个骨架点处的最小内切球，球半径和阈值的大小关系确定嵌入信息和对原模型的修改量。整个算法的思想不涉及顶点数量及坐标的改变和拓扑关系的修改。

基于骨架和内切球解析的三维模型信息隐藏算法对缩放攻击敏感，因此利用重心交点距离比(Rate of Barycenter and Cross-point，RBC)作为辅助办法来弥补算法对缩放攻击的脆弱性。实验表明，本算法对抗旋转攻击有效率高达 100%，对相似变换、顶点重排序以及噪声、压缩和网格简化都具有良好的鲁棒性，且容量性大。

6.1.1 基于骨架和内切球解析的三维模型信息隐藏算法设计

1. 信息隐藏区域

基于骨架和内切球解析的三维模型信息隐藏算法选择三维模型的内切球解析次数作为隐藏区域。首先需要对解析次数进行二进制化解析编码，并按照人类视觉系统(Human Visual System，HVS)特性，根据模型表面顶点坐标、曲率变化，选择模型的末稍或细节部位的骨架点的内切球解析结果用来嵌入脆弱信息，表面平滑、覆盖面大的部位鲁棒性较强，故其内切球解析结果可以作为鲁棒性信息和校验信息的隐藏载体。其余骨架点的内切球解析结果作为隐藏信息载体。

2. 信息隐藏规则

基于骨架和内切球解析的三维模型的信息隐藏算法规则如下：

规则1：内切球解析过程为内切球→内接正方体→内切球的反复过程，直到内切球半径小于阈值，停止解析，并舍弃该内切球。

规则2：最小内切球半径 $r_{\min}$ 不小于阈值。

规则3：最小内切球解析次数的二进制编码化：解析次数 n 为偶数表示0，n 为奇数表示1。

规则4：优化欲隐藏信息，使其与模型的 n 值实现最大一致性。遗传算法可解决其他优化函数难以解决的非线性、多模型、多目标的优化问题，故本算法用遗传算法进行优化。

规则5：欲隐藏信息二进制解析编码为0和1，若与嵌入位置 n 值相反，则改变该处 $r_{\min}$ 值，使 n 值与欲隐藏信息相同；若欲隐藏信息与嵌入位置 n 值相同，则不作改变，且 $r_{\min}$ 的改动幅度尽量小(具体办法见6.1.2小节)。

3. 信息隐藏步骤

基于骨架和内切球解析的信息隐藏算法共分八个步骤：

(1) 求出模型细节部位最大内切球半径 $r_0^{\max}$，规定阈值 t，使得 $t=r_0^{\max}$。

(2) 修正模型细节部分的重心交点距离比，用来在后面的步骤中重复嵌入哈希值 H^{R}(R为鲁棒Robust的缩写)、阈值 t、优化参数 y 和 μ，并以各骨架点为球心，得出所有的最大内切球。

(3) 对最大内切球按阈值 t 进行解析，遵循上述规则。

(4) 进行骑士巡游遍历，提取载体图像本身所蕴含的信息。根据规则3将提取出的信息解析为二进制编码序列，记作 C：

$$C=(x_1, x_2, \cdots, x_i)\in\{0, 1\} \tag{6-1}$$

(5) 欲隐藏信息的混沌置乱采用Logistic映射，定义如式(6-2)所示：

$$y_{k+1}=\mu y_k(1-y_k), \quad y_k\in(0, 1) \tag{6-2}$$

确定Logistic映射的参数 μ 以及初始值 y_k，则设欲嵌入信息按照参数 y_k 置乱后的比特序列为 $C_{\mathrm{IN}}^{y}=(b_1^y, b_2^y, \cdots, b_{n-1}^y, b_n^y)\in\{00, 01, 10, 11\}$。通过对载体模型进行RAID4行遍历获得 C_{IN}^{y}。

(6) 应用遗传算法进行最优调整。C_{IN}^{y} 与 C 序列对应位相同的个数用 F 表示，优化 y_k 使 F 尽量大，优化模型如式(6-3)：

$$F(z)=\max F(y_k)=\max\sum(x_n\overline{\oplus}y_n) \tag{6-3}$$

其中，运算符$\overline{\oplus}$表示二者相同为1，不同为0，用遗传算法优化求解，得出最优解z。

(7) 将z代入C_{IN}^{y}得最优嵌入比特$C_{\mathrm{IN}}^{z}=(b_1^z, b_2^z, \cdots, b_{n-1}^z, b_n^z)\in\{00, 01, 10, 11\}$。按照RAID4行遍历顺序依次隐藏$H^{\mathrm{R}}$，优化参数$y$、$\mu$、$t$和欲隐藏信息及$H^{\mathrm{F}}$(F为脆弱Fragile的缩写)。

(8) 嵌入信息后载体的解析值为：$x_n'=x_n+(y_n\oplus x_n)$。如果模型某些骨架点部位经过逆解析后变形严重，便舍弃，寻找临近骨架点解析嵌入。

如图6-2所示，欲在骨架点A、B、C对应的模型部位隐藏信息"011"，则对A、B、C对应的最大内切球进行解析，解析次数分别为8、9、11，根据规则5得知解析值依次为0、1、1，与欲隐藏信息吻合，故不做修改。

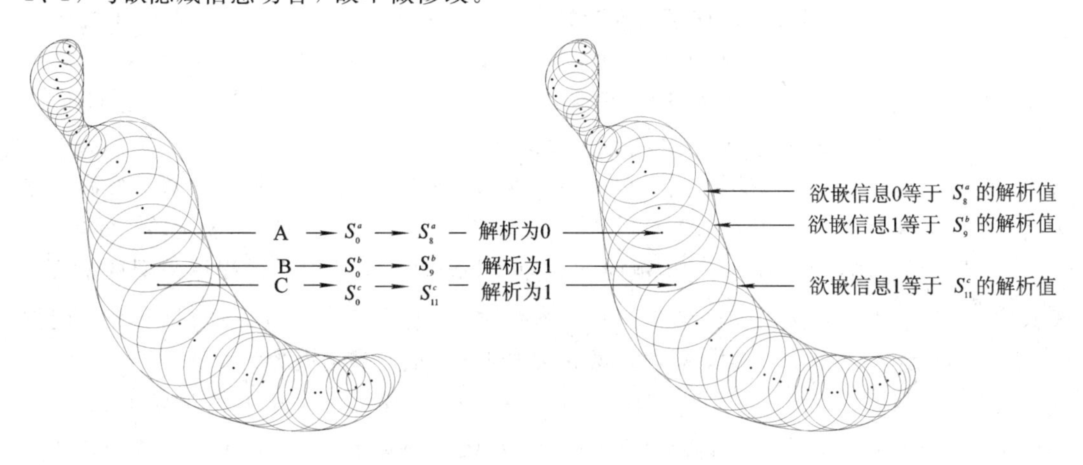

图6-2 嵌入信息为"011"示例

4. 信息的提取

提取信息分为以下四个步骤：

(1) 对含密模型进行骨架抽取运算，得到模型骨架，同时获得关键点和其余骨架点。

(2) 从关键点对应的解析值提取z、μ、H^{R}及t，细节部分对应的解析值提取H^{F}。

(3) 判断：若$H^{\mathrm{R}}=H^{\mathrm{F}}$，说明未受攻击，则按照$z$从普通部位骨架点解析值中完成对隐藏信息的提取；若$H^{\mathrm{R}}\neq H^{\mathrm{F}}$，说明受到攻击或修改，则继续。

(4) 用z、μ及t从普通部位骨架点解析值提取隐藏信息。

在进行信息提取时，还应注意收到含秘密信息的模型后，接收者按上述算法提取骨架，并得到骨架点，对各个骨架点进行欧氏内切球解析，根据欧氏最小内切球解析次数判断隐藏信息。最细节部位嵌入脆弱性标识，欧氏最大内切球最大的部位嵌入鲁棒性标识。

6.1.2 基于骨架和内切球解析的三维模型信息隐藏算法性能的理论分析

1. 不可见性分析

基于骨架和内切球解析的三维模型信息隐藏算法在嵌入信息时，不以几何信息和拓扑特征量为直接修改对象，而是以各个骨架点处的最小内切球解析次数为修改量，且本算法在模型的细节部位仅嵌入脆弱性标识，使得嵌入信息对模型的外观改动小，本算法的不可见性好。

2. 鲁棒性分析

因为隐藏区域为以骨架点为点对称的球，所以对旋转攻击是鲁棒的。利用 RBC 作为辅助检验，弥补了原算法对缩放攻击的脆弱性。基于骨架和内切球解析的三维模型信息隐藏算法选取表面平滑、覆盖面大等鲁棒性的部位来嵌入秘密信息和鲁棒性参数，且嵌入时不以几何信息和拓扑特征量为直接修改对象，使得本算法在保证较好的可见性时对针对几何特征量和拓扑特征量的攻击也具有鲁棒性。

3. 容量性分析

以标准模型库中的 Cow 模型为例，由其文件数据可知其最细节部最大内切球半径为 $r_{max}=0.2=1/5$，规定最大内切球距离即骨架点距离为 $d=0.5r_{max}=0.1$。按骨架上的每个点做出欧氏内切球解析，即按照 ISIC 顺序获得半径刚好不小于 0.2 的最小内切球。内切球运算次数解析为二进制编码数值，即次数为奇数表示 1，偶数表示 0。若欲在某点 O_x 嵌入的信息与该处载体二进制编码数值吻合，则无需改动。若欲嵌入信息与载体二进制编码数值相反，则根据规定阈值修改最小内切球半径(视改动量大小而定)，使得次数恰好满足嵌入信息需要，同时也要以改动量尽量小为原则。例如，做了 8 次内切球解析运算，得 $r_{max}=0.2001$，则把 r_{max} 改小为 0.1999，既满足次数为 7 是奇数，又使得逆过程后模型视觉效果改变较小。如果做了 8 次内切球解析运算，得到的 r_{max} 略小于 $\sqrt{2}/5\approx0.28284$ 的话，就把 r_{max} 改动为略大于 0.28284，这样就需要做 9 次内切球，从而满足次数为奇数。

设对 r_{max} 的改动为 $\pm\Delta$，则内切球逆解析后对应的最大内切球半径改变量为 $\Delta r=\pm\Delta(\sqrt{2})^n$。逆解析过程恢复出新的模型表面，模型改动处必定会有所变化，具体变化情况可对照模型数据得知。但是改动的视觉变化量可由 Δr 控制。根据实际的工作环境，设定合理的 Δr 值可以很好地满足容量性。

4. 复杂度性分析

基于骨架和内切球解析的三维模型信息隐藏算法中信息的嵌入基于隐藏载体和秘密信息的预处理，对于重复多次针对相同载体的隐藏算法实验而言，运算仅集中在信息的具体嵌入环节上，运算量大大减小。

6.1.3 基于骨架和内切球解析的三维模型信息隐藏算法性能的实验分析

本节选择图 6-3(a)为欲隐藏信息(128×128 的灰度图像)，图 6-3(b)为预处理后的欲隐藏信息。

(a) 欲隐藏信息 Baboo

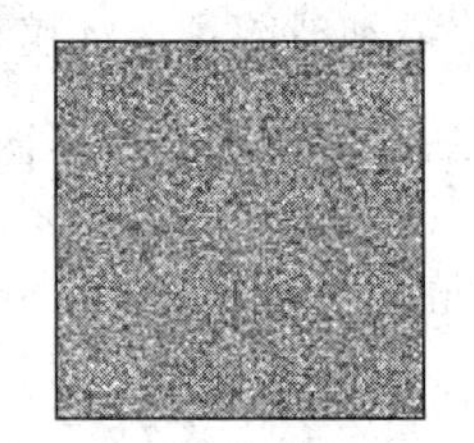

(b) 预处理后的欲隐藏信息

图 6-3 欲隐藏信息及其预处理

本节选取模型 Chinese dragon、Hand-olivier 和 Ramesses 作为信息隐藏载体，如图 6－4(a)、图 6－5(a)和图 6－6(a)所示。实验环境为 VC＋＋、OpenGL 和 Matlab。

1. 不可见性实验

基于骨架和内切球解析的三维模型信息隐藏算法不可见性通常从两方面衡量。其中一方面是人类视觉效果，即 HVS 特性；另一方面从数学角度量化含密模型与原始模型之间的失真度。本算法将用信噪比和骨架相似度匹配作为衡量算法不可见性的数学指标。

1）HVS 特性

图 6－4(b)、图 6－5(b)和图 6－6(b)为隐藏信息后的载体模型。原模型和隐藏信息后模型均有细节部位放大图，可以看出本算法的不可见性非常好，满足人类视觉不可感知性。

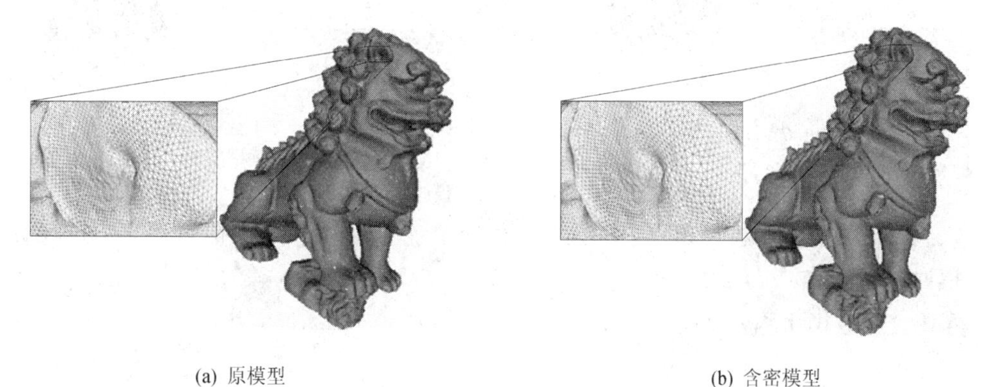

(a) 原模型　　(b) 含密模型

图 6－4　Chinese dragon 原始模型与含密模型

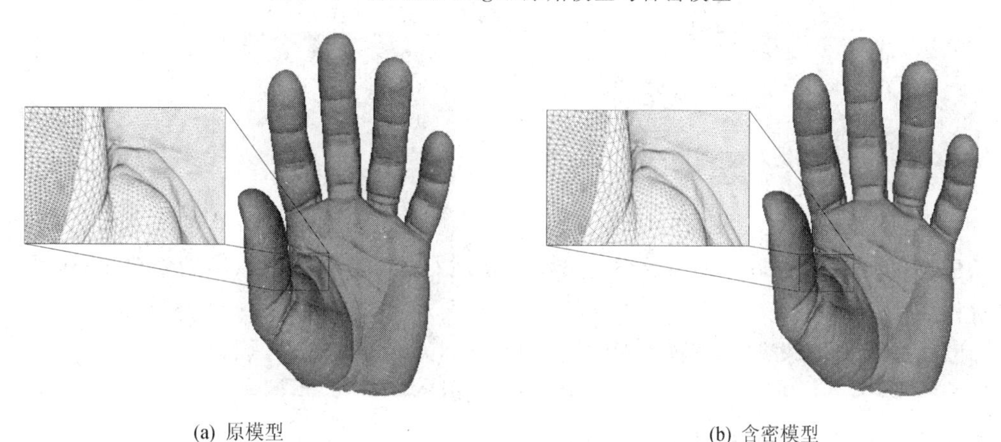

(a) 原模型　　(b) 含密模型

图 6－5　Hand－olivier 原始模型与含密模型

2）信噪比

用信噪比表征含密模型与原始模型之间的失真程度，如式(6－4)所示：

$$\mathrm{SNR}=\frac{\sum_{i=1}^{N} x_i^2+y_i^2+z_i^2}{\sum_{i=1}^{N}(x_i'-x_i)^2+(y_i'-y_i)^2+(z_i'-z_i)^2} \tag{6-4}$$

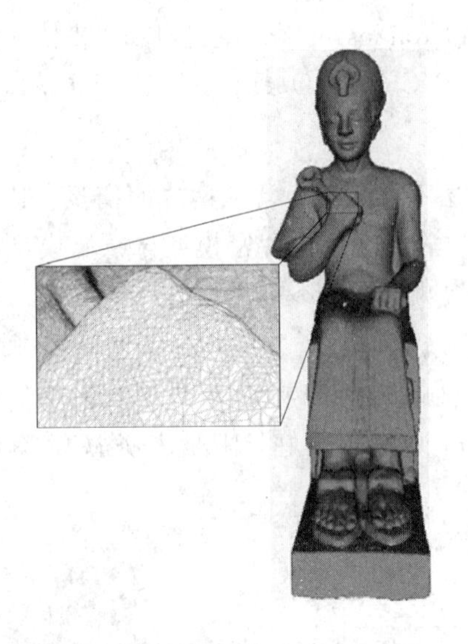
(a) 原模型

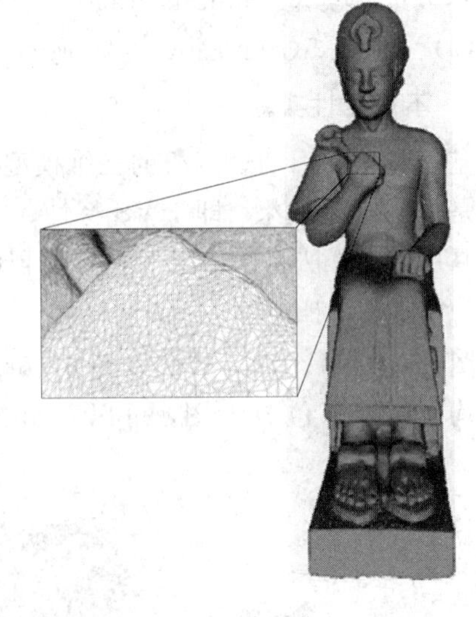
(b) 含密模型

图 6－6　Ramesses 原始模型与含密模型

其中，x_i、y_i、z_i是原始模型顶点 v_i的坐标；而 x_i'、y_i'、z_i'是相同顶点隐藏信息后的坐标值；N 是模型顶点总数。

式(6－4)可化作式(6－5)：

$$\mathrm{SNR}=\frac{\sum_{i=1}^{N} r_i^2}{\sum_{i=1}^{N}(r_i'-r_i)^2}=\frac{\sum_{i=1}^{N} r_i^2}{\sum_{i=1}^{N}\left[(\sqrt{2})^n(r_i^{\min}+\Delta_i)-(\sqrt{2})^n r_i^{\min}\right]^2}$$

$$=\frac{\sum_{i=1}^{N} r_i^2}{\sum_{i=1}^{N}(\Delta_i(\sqrt{2})^n)^2} \tag{6-5}$$

其中，r_i是原始模型欧氏最大内切球半径；r_i'是隐藏信息模型的欧氏最大内切球半径；N 为欧氏最大内切球个数；$r_i^{\min}$为原始模型最小内切球；Δ_i为最小内切球半径修改量；n 为内切球解析次数。

欧氏最大内切球半径信噪比(RSNR)用来衡量对模型的修改是否可见。

$$\mathrm{RSNR}=10\lg(\mathrm{SNR}) \tag{6-6}$$

基于此算法的 RSNR 平均为 69.94 dB。

表 6－1　基于骨架和 EMIS 算法的 RSNR

Model	Ramesses	Hand-olivier	Chinese dragon
RSNR/dB	79.11	64.68	74.03

嵌入量用 2^k bit 表示，嵌入量指数 k 对应的不可见性如图 6－7 所示。由图可知，当 $k\leqslant 17$ 时，三个模型的信噪比均值可达 RSNR$\geqslant$69.94，可见本算法不可见性好。

图 6－8 为本算法分别对模型 Ramesses、Hand-olivier 和 Chinese dragon 进行信息嵌

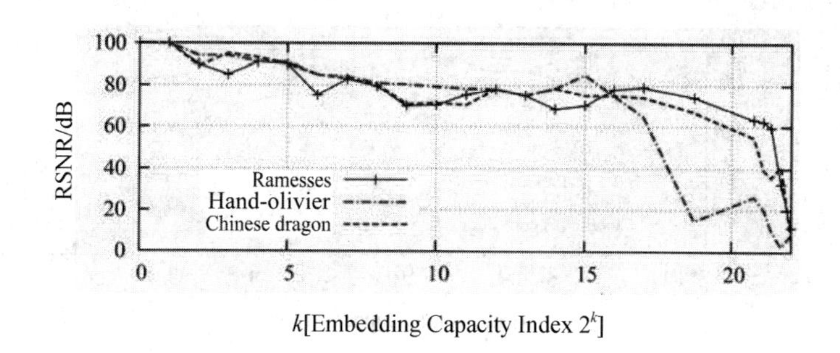

图 6-7　不同模型载体的不可见性实验(RNSR-k)

入的不可见性实验的 RSNR 的平均值分布图。

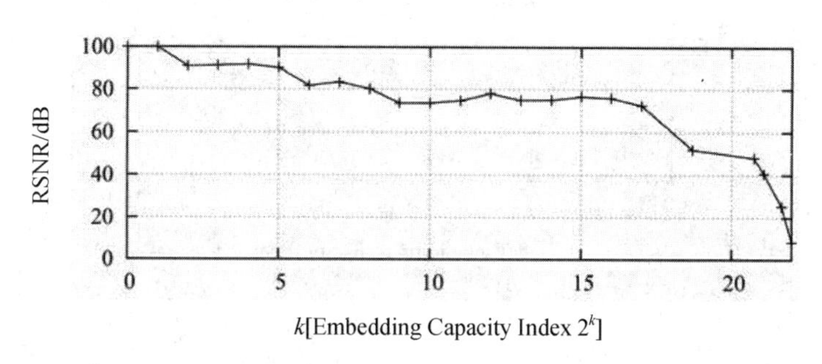

图 6-8　不可见性实验(RNSR-k)

3）骨架相似度匹配

骨架相似度匹配是一个用能量方程法衡量全局相似度的办法，由 E^n 表示，具体计算公式如式(6-7)所示：

$$E^n[MS, \overline{MS}, \boldsymbol{M}] = w\sum_{a=1}^{A}\sum_{i=1}^{I}\frac{\boldsymbol{M}_{ai}\mathcal{N}_{ai}}{\boldsymbol{M}_{ai}} + w^L\sum_{a=1}^{A}\sum_{i=1}^{I}\sum_{b=1}^{A}\sum_{j=1}^{I}\frac{\boldsymbol{M}_{ai}\boldsymbol{M}_{bj}\mathcal{L}_{aibj}}{\boldsymbol{M}_{ai}\boldsymbol{M}_{bj}\mathcal{L}_{aibj}^{\max}}$$
$$+ w^C\sum_{a=1}^{A}\sum_{i=1}^{I}\sum_{b=1}^{A}\sum_{j=1}^{I}\sum_{c=1}^{A}\sum_{k=1}^{I}\frac{\boldsymbol{M}_{ai}\boldsymbol{M}_{bj}\cdot\boldsymbol{M}_{ck}\mathcal{C}_{aibjck}}{\boldsymbol{M}_{ai}\boldsymbol{M}_{bj}\cdot\boldsymbol{M}_{ck}\mathcal{C}_{aibjck}^{\max}} \tag{6-7}$$

其中，E 为能量(Energy)；MS 为内部骨架(Medial Skeleton)，而$\overline{MS}$表示其均值；$\boldsymbol{M}$ 表示一个 $A\times I$ 的置换矩阵(Permutation Matrix)；$w^N=0.3$、$w^N=0.5$、$w^C=0.4$ 分别是顶点能量 E_N、曲线能量 E_L 和轮廓拐点能量 E_c 的权重常量，且 E_L、E_N 和 E_c 分别表示为 $E_L=\sum_{a=1}^{A}\sum_{i=1}^{I}\sum_{b=1}^{A}\sum_{j=1}^{I}\boldsymbol{M}_{ai}\boldsymbol{M}_{bj}\mathcal{L}_{aibj}[C_{ab},\ \overline{C}_{ij}]$、$E_N=\sum_{a=1}^{A}\sum_{i=1}^{I}\boldsymbol{M}_{ai}\mathcal{N}_{ai}[N_a,\ \overline{N}_i]$，$E_C=\sum_{a=1}^{A}\sum_{i=1}^{I}\sum_{b=1}^{A}\sum_{j=1}^{I}\sum_{c=1}^{A}\sum_{k=1}^{I}\boldsymbol{M}_{ai}\boldsymbol{M}_{bj}\boldsymbol{M}_{ck}\mathcal{C}_{aibjck}[S_{abc},\ \overline{S}_{ijk}]$。

式(6-7)中，如果 C_{ab} 或 $\overline{C}_{ij}$ 丢失，则 $\mathcal{L}_{aibj}^{\max}=0$，反之 $\mathcal{L}_{aibj}^{\max}=1$；如果 C_{ab}、C_{bc}、$\overline{C}_{ij}$、$\overline{C}_{jk}$、S_{abc} 或 $\overline{S}_{ijk}$ 丢失，则 $\mathcal{C}_{aibjck}^{\max}=0$，反之 $\mathcal{C}_{aibjck}^{\max}=1$，且 $0\leqslant E_N\leqslant 1$。

图 6-9 为嵌入量指数 k 和骨架相似度 E^n 的关系图。由图可知当 $k\leqslant 14$ 时，本算法中的三个模型的骨架相似度可达 $E^n\geqslant 70.47\%$。

图 6-10 为本算法分别对模型 Ramesses、Hand-olivier 和 Chinese dragon 进行信息嵌入的不可见性实验的 E^n 的平均值分布图。

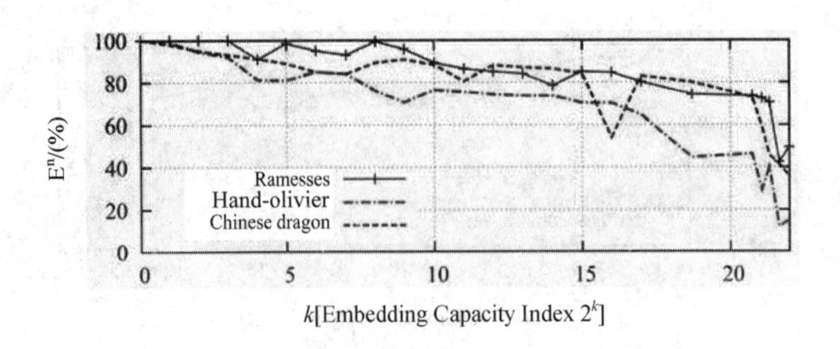

图 6-9　不同模型载体的不可见性实验(E^n-k)

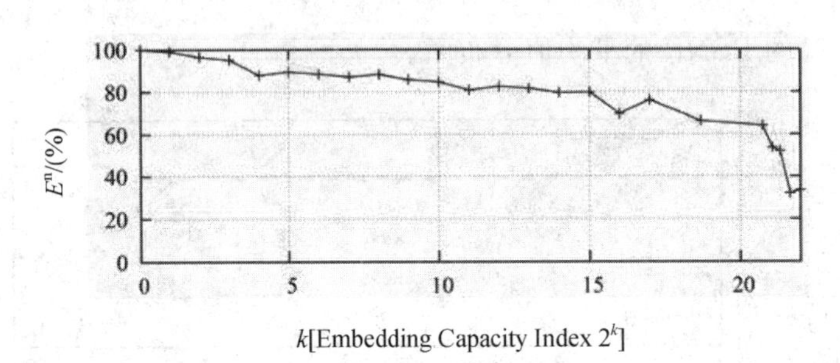

图 6-10　不可见性实验(E^n)

2. 鲁棒性实验

本实验对隐藏信息的模型进行了多种类型攻击测试。图 6-11 是对模型 Chinese dragon 进行了相似变换(包括旋转、缩放和平移，即 Rotation、Scaling and Translation，RST)攻击和顶点重排序攻击的仿真实验，可以看出本节给出的算法对抗常见的相似变换和顶点重排序等攻击具有良好的鲁棒性，受到攻击后提取出的信息具有良好的视觉效果。

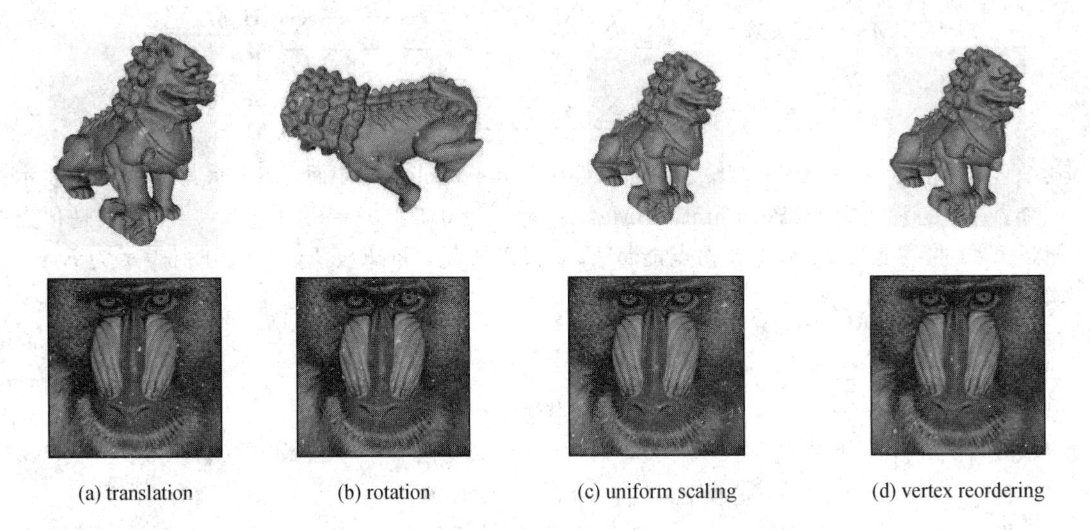

图 6-11　常见内容保留攻击及嵌入信息提取

对含密模型进行其他类型攻击的仿真实验如图 6-12 所示。

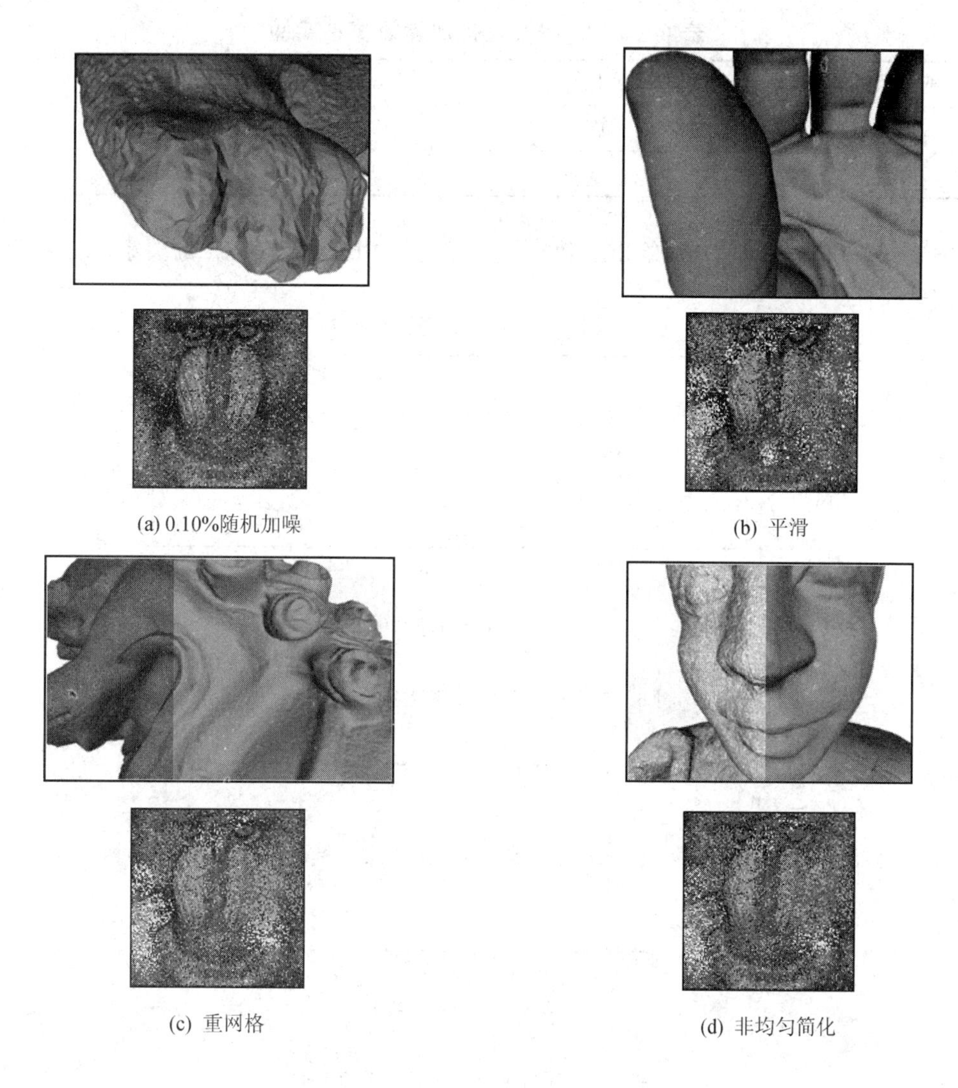

图 6-12　其他类型攻击

衡量算法鲁棒性的指标有：

(1) 提取信息比特序列的 BER(Bit Error Rate)。

(2) 提取信息比特序列$\{s_n'\}$和原始信息序列$\{s_n\}$的相关系数由式(6-8)表示：

$$\text{Corr} = \frac{\sum_{n=1}^{N-1}(s_n' - \bar{s}')(s_n - \bar{s})}{\sqrt{\sum_{n=1}^{N-1}(s_n' - \bar{s}')^2 \cdot \sum_{n=1}^{N-1}(s_n - \bar{s})^2}} \tag{6-8}$$

其中，$\bar{s}'$和$\bar{s}$分别表示$\{s_n'\}$和$\{s_n\}$的平均值；r_i是原始模型的 EMIS 半径；r_i'是含密模型的 EMIS 半径；N 是三维模型欧氏内切球总数。上述其他类型攻击实验重复次数为 50 次，实验结果的平均值如表 6-2～表 6-5 所示。表 6-2 为 0.10%随机加噪实验重复 50 次时，分别对模型 Chinese dragon、Hand-olivier 和 Ramesses 计算出的 BER 和 Corr 的平均值。

表 6-2　0.10%随机加噪鲁棒性实验

鲁棒性指标	Chinese dragon	Hand-olivier	Ramesses
BER[%]	25.08	26.67	20.54
Corr[%]	95.03	90.33	92.01

图 6-13 和图 6-14 分别给出了随机加噪强度与 BER 以及 Corr 的关系，表明算法有较强的鲁棒性。

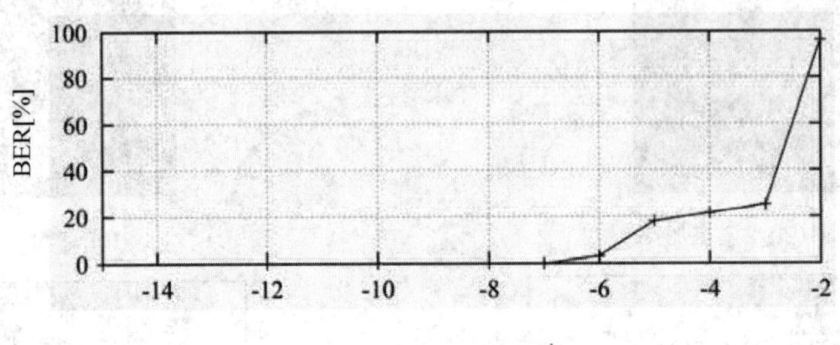

图 6-13　随机加噪鲁棒性实验(BER)

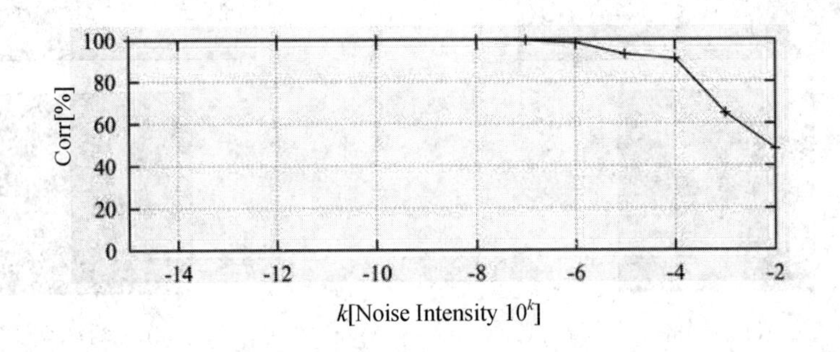

图 6-14　随机加噪鲁棒性实验(Corr)

表 6-3 为 Laplacian 平滑迭代次数重复 50 次时，分别对模型 Chinese dragon、Hand-olivier 和 Ramesses 计算出的 BER 和 Corr 的平均值。

表 6-3　50 次迭代 Laplacian 平滑鲁棒性实验($\lambda=0.03$)

鲁棒性指标	Chinese dragon	Hand-olivier	Ramesses
BER[%]	11.81	14.62	12.36
Corr[%]	96.31	88.43	93.07

图 6-15 和图 6-16 分别给出了 Laplacian 平滑迭代次数与 BER 以及 Corr 的关系，表明算法有较强的鲁棒性。

表 6-4 为 50%的均匀重网格化时，分别对模型 Chinese dragon、Hand-olivier 和 Ramesses 计算出的 BER 和 Corr 的平均值。

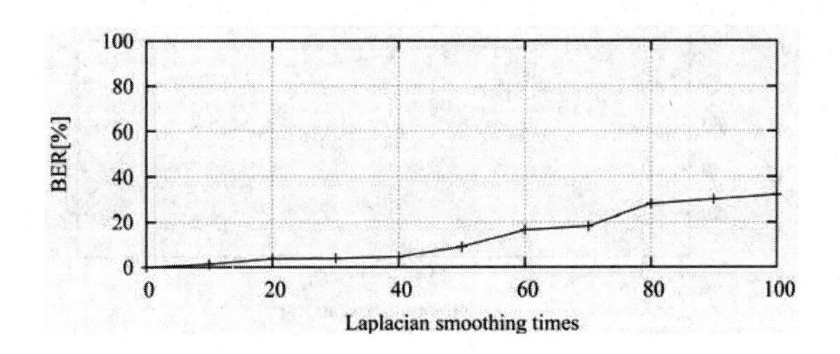

图 6-15　50 次迭代 Laplacian 平滑鲁棒性实验(BER)

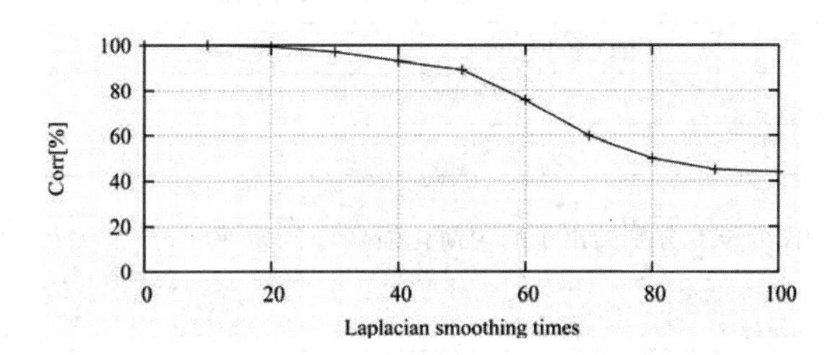

图 6-16　50 次迭代 Laplacian 平滑鲁棒性实验(Corr)

表 6-4　50%的均匀重网格化鲁棒性实验

鲁棒性指标	Chinese dragon	Hand-olivier	Ramesses
BER[%]	25	36	15
Corr[%]	95	92	90

图 6-17 和图 6-18 分别给出了均匀重网格化强度与 BER 和 Corr 的关系，表明算法有较强的鲁棒性。

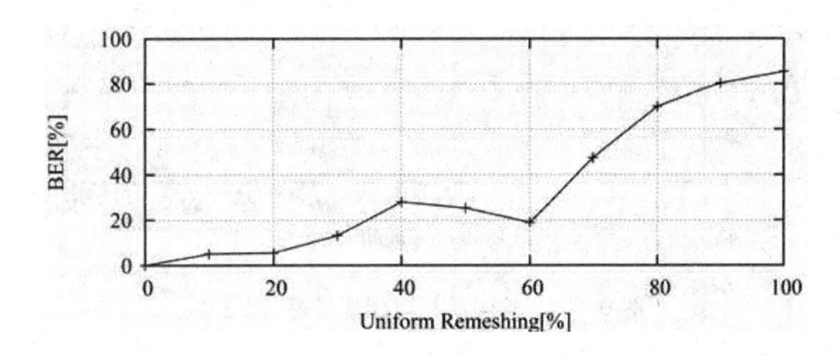

图 6-17　均匀重网格化鲁棒性实验(BER)

表 6-5 为均匀简化强度为 85%时，分别对模型 Chinese dragon、Hand-olivier 和 Ramesses 计算出的 BER 和 Corr 的平均值。

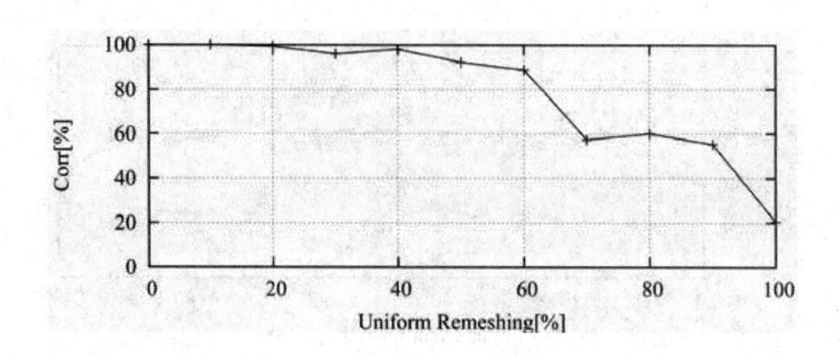

图 6-18　均匀重网格化鲁棒性实验(Corr)

表 6-5　85%的均匀简化鲁棒性实验

鲁棒性指标	Chinese dragon	Hand-olivier	Ramesses
BER[%]	5	39	20
Corr[%]	100	95	100

图 6-19 和图 6-20 分别给出了均匀简化强度与 BER 和 Corr 的关系，表明算法有较强的鲁棒性。

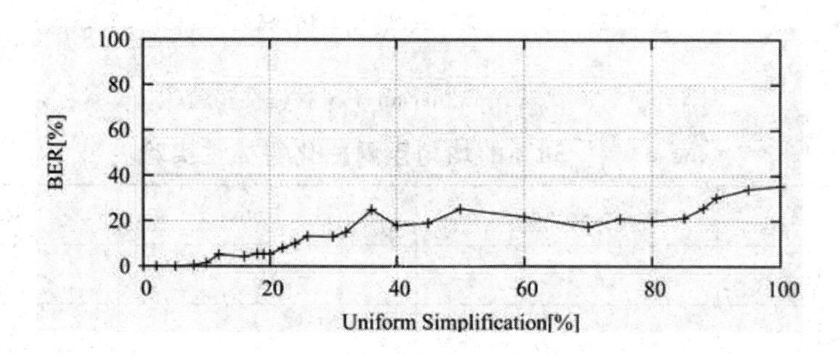

图 6-19　均匀简化鲁棒性实验(BER)

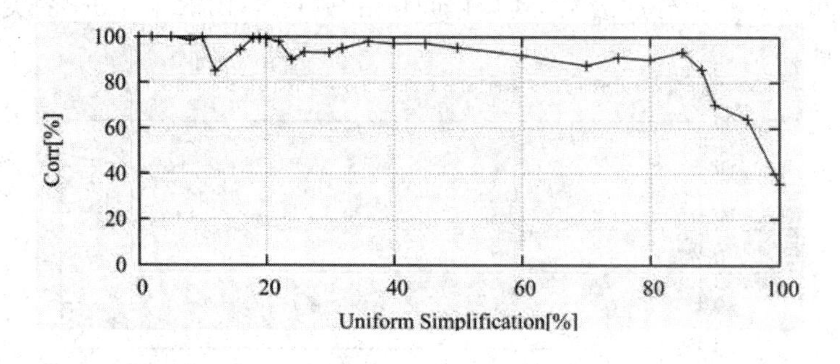

图 6-20　均匀简化鲁棒性实验(Corr)

由于本算法是基于骨架抽取与内切球解析的，与顶点、面片等模型拓扑信息无关，所以对抗相似变换具有很强的鲁棒性，平移和旋转的鲁棒性达到了 100%。本算法提取信息不依赖于顶点坐标顺序等几何特征量，所以可以抵抗顶点/面片重排序。尤其对旋转、噪声、压缩和网格简化等攻击鲁棒性很好。而对于剪切和非均匀缩放等严重改变模型特征的攻击也具有一定的鲁棒性。

3. 容量性实验

图 6－21 为分别对模型 Chinese dragon、Hand-olivier 和 Ramesses 嵌入秘密信息 Baboo 后的 RSNR 的平均值与嵌入率(Embedding Rate)的示意图。由图 6－21 可知，当算法对模型 Ramesses、Hand-olivier 和 Chinese dragon 的 RSNR 平均值为 53.71 dB 时，嵌入率为 33.33％，即字节数相当于模型顶点数的 1/3，而此时嵌入量指数为 $k=17$ 时，嵌入量达到 $2^{17.27}$ bit。所以，可知基于骨架和内切球解析的三维模型信息隐藏算法在不可见性良好的前提下，可隐藏信息量较大。

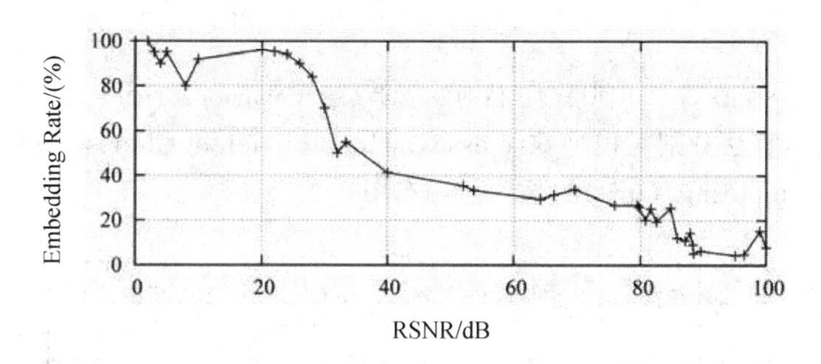

图 6－21　容量性实验(Embedding Rate－RSNR)

由实验结果可知本算法在保证较为理想的信噪比值的前提下，仍然可以有较大的嵌入量，因此本算法具有很大的容量性。

图 6－22 为分别对模型 Chinese dragon、Hand-olivier 和 Ramesses 嵌入秘密信息 Baboo 后的骨架相似度 E^n 的平均值与嵌入率的示意图。由图 6－22 可知，当本算法对模型 Ramesses、Hand-olivier 和 Chinese dragon 的骨架相似度 E^n 平均值为 90％时，嵌入比为 30.01％，即字节数相当于模型顶点数的 1/3，而此时嵌入量指数为 $k=17$ 时，嵌入量达到 $2^{17.27}$ bit。所以，可知基于 MS 的算法在不可见性良好的前提下，可隐藏信息量较大。

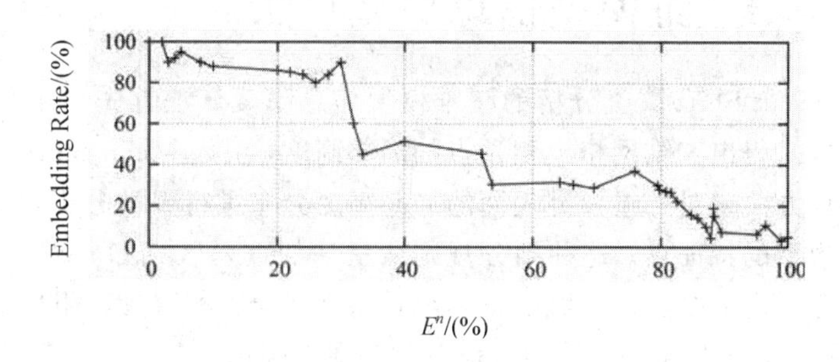

图 6－22　容量性实验(Embedding Rate－E^n)

由实验结果可知本算法在保证具有较高的骨架相似度的前提下，仍然可以嵌入可观的数据量，因此本算法具有较大的容量性。当然，本算法容量随模型顶点数增加而提高。

4. 复杂度实验

图 6－23 所示为计算时间与嵌入量的关系，对于模型 Ramesses 来说，当嵌入量指数 $k\leqslant 20.74$ 时，计算时间 $t\leqslant 33.45$ s；对于模型 Hand-olivier 来说，当嵌入量指数 $k\leqslant 17$ 时，计算时间 $t\leqslant 34.68$ s；对于模型 Chinese dragon 来说，当嵌入量指数 $k\leqslant 21.07$ 时，计算时间 $t\leqslant 35.45$ s。说明本算法在对各模型嵌入较大量的信息时，计算时间小于 40 s，计算时间

较小，且随着模型顶点数增加，计算时间会有所增加，但增加量在正常范围内。

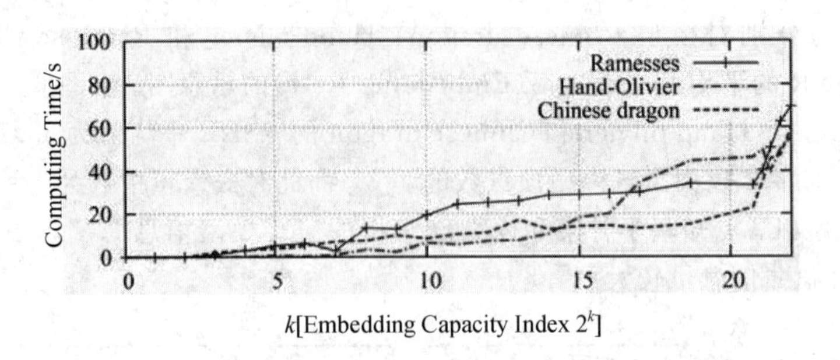

图 6-23　不同模型载体的复杂度实验(Computing Time-k)

图 6-24 为本算法分别对模型 Ramesses、Hand-olivier 和 Chinese dragon 进行信息嵌入的计算时间(Computing Time)的平均值分布图。

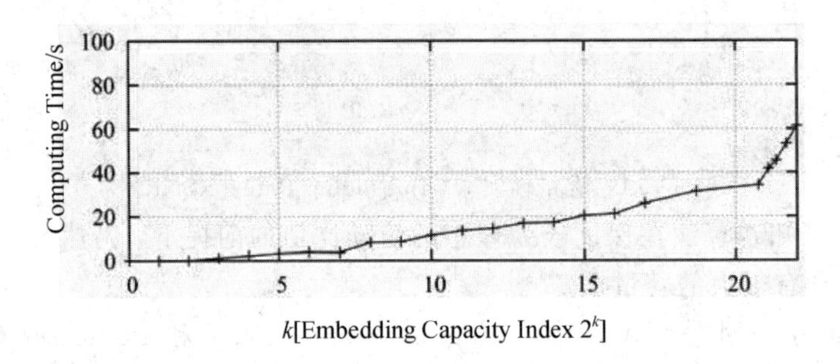

图 6-24　复杂度实验(Computing Time-k)

6.2　基于模型点 Mean Shift 聚类分析的三维模型信息隐藏算法

基于模型点 Mean Shift 聚类分析的三维模型信息隐藏算法首先利用“局部高度”这一新的显著性度量方式得出三维网格模型顶点的局部高度，引入 Mean Shift 算法这种非参数化的概率密度估计方法来对三维模型表面的局部高度分布进行聚类分析，按照局部高度值的大小得出三维模型的特征点。这种划分规则所呈现的重要区域和非重要区域符合 HVS 特性。这与信息隐藏技术中隐藏区域能量和视觉特性吻合。本算法利用特征点和其他顶点的不同特性，分别隐藏鲁棒信息、欲隐藏信息和脆弱性标识。

6.2.1　基于模型点 Mean Shift 聚类分析的三维模型信息隐藏算法设计

1. 信息隐藏区域

(1) 载体预处理。计算模型表面顶点的局部高度，用 Mean Shift 方法得出局部极大值点(Local Maximum Vertex，LmaxV)、局部极小值点(Local Minimum Vertex，LminV)，剩余的点我们定义为普通点(General Vertex，GV)。如图 6-25 所示，点 1、2、3、4 为局部极大值点，点 5、6、7 为局部极小值点。

(2) 隐藏区域具体化，详见规则 2。

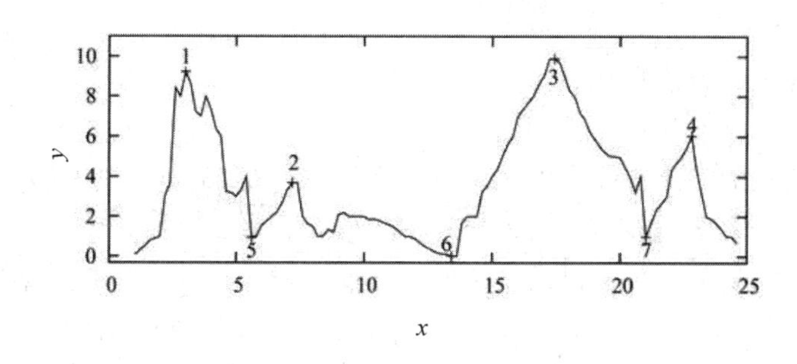

图 6-25　模型表面极大值、极小值点示意图

2. 信息隐藏规则

规则 1：根据 HVS 原则，局部极大值点和局部极小值点即特征点(Feature Vertice，FV)。对普通点再进行一次 Mean Shift 聚类分析，将普通点按局部高度分为亚特征点(Sub-feature Vertice，SV)和背景点(Background Vertice，BV)。

规则 2：三维模型各个顶点均有三个坐标值，利用三个坐标的二进制表示形式作为信息隐藏区域。如图 6-26 所示，选坐标值小数点后的二进制数作为隐藏区域，文中实验统一将每个小数点后的数值生成 16 位二进制序列，也可以根据实验精确度不同增减二进制位数。

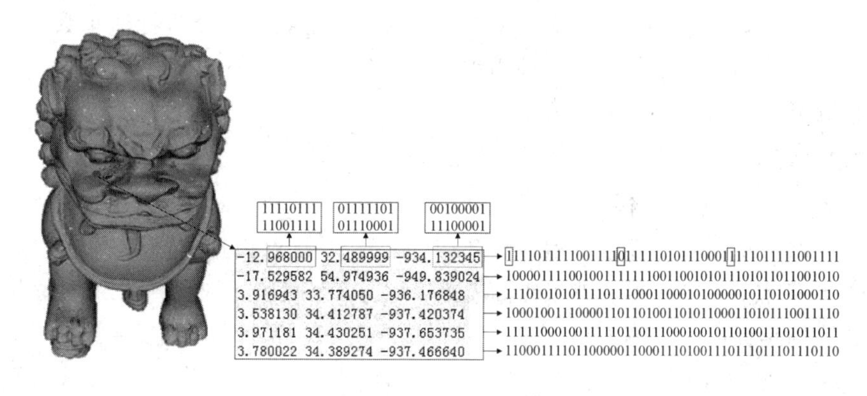

图 6-26　MS 算法的信息隐藏区域具体化规则

规则 3：对欲隐藏信息进行置乱和优化处理，并使其与置乱后的载体信息取得最大一致性。

规则 4：按照 RAID4 行遍历顺序，在特征点坐标的二进制数内隐藏哈希值 H^R、校验参数 y 及置乱参数 μ 等鲁棒信息；背景点坐标的二进制数内隐藏哈希值 H^F 作为脆弱性标识；亚特征点坐标的二进制数内嵌入欲隐藏信息。

3. 信息隐藏步骤

基于模型点 Mean Shift 聚类分析的三维模型信息隐藏算法分八个步骤：

(1) 根据信息隐藏载体能量分析理论，特征点、亚特征点和背景点能量依次降低，可分别命名为鲁棒点、亚鲁棒点和脆弱点。三类点坐标值小数部分二进制化，例如将某顶点三个坐标值 x、y、z 小数点后数值转化为二进制，依次排列，形成 48 位的二进制数列，记做：

$$B=\{b_{x1}, b_{x2}, \cdots, b_{x16}, b_{y1}, b_{y2}, \cdots, b_{y16}, \cdots, b_{z1}, b_{z2}, \cdots, b_{z16}\} \in \{0, 1\} \quad (6-9)$$

(2) 根据欲隐藏的总信息比特数和模型顶点总数确定二进制序列中用于隐藏的比特位数。

(3) 欲隐藏信息的混沌置乱采用 Logistic 映射，定义如式(6-10)所示：

$$g_{k+1}=\mu g_k(1-g_k), \ g_k \in (0, 1) \quad (6-10)$$

确定 Logistic 映射的参数 μ 以及初始值 g_k。设欲嵌入信息按照参数 g_k 所置乱后的比特序列为 $B_{\mathrm{IN}}^g=(b_1^g, b_2^g, \cdots, b_{n-1}^g, b_n^g)\in\{00, 01, 10, 11\}$。通过对载体模型进行 RAID4 行遍历获得 B_{IN}^g。

(4) 应用遗传算法进行最优调整。B_{IN}^g 与 B 序列对应位相同的个数用 F 表示，优化 g_k 使 F 尽量大，优化模型如式(6-11)所示：

$$F(i)=\max F(g_k)=\max\sum(b_n \overline{\oplus} g_n) \quad (6-11)$$

其中，运算符"$\overline{\oplus}$"表示二者相同时为 1，不同时为 0，用遗传算法优化求解，得出最优解 i。

(5) 将 i 代入 B_{IN}^g 得最优嵌入比特 $B_{\mathrm{IN}}^i=(b_1^i, b_2^i, \cdots, b_{n-1}^i, b_n^i)\in\{00, 01, 10, 11\}$。

(6) 嵌入信息后载体的解析值为 $b_n'=b_n+(g_n\oplus b_n)$。

(7) 为满足不可见性，需使得隐藏信息尽可能平均地分布到顶点的三个坐标，比如选顶点(−12.968 000, 32.489 999, −934.132 345)隐藏 12 比特信息，每个坐标隐藏 4 比特信息，以 1、0、1 作为遍历起始比特，依次将信息交替隐藏到三个坐标值小数点后的二进制数里，则每个坐标的二进制字符串都用到了前四位。

(8) 将隐藏信息后的坐标值化为十进制。

4. 信息的提取

信息的提取分为以下四个步骤：

(1) 含密模型按照局部高度的概念，利用 Mean Shift 对模型表面顶点聚类进行分析，将顶点分为特征点、亚特征点和背景点，按鲁棒性分即鲁棒点、亚鲁棒点和脆弱点。

(2) 从脆弱点提取哈希值 H^{F}，从鲁棒点提取参与隐藏比特位数 n_b、置乱优化次数 g 和 μ、哈希值 H^{R} 等鲁棒参数。

(3) 判断：若 $H^{\mathrm{R}}=H^{\mathrm{F}}$，说明未受攻击，则按照 i 从亚鲁棒点解析值中完成对隐藏信息的提取；若 $H^{\mathrm{R}}\neq H^{\mathrm{F}}$，说明受到攻击或修改，则继续隐藏。

(4) 利用 g、μ 和 n_b 从普通点末尾 n 位数的二进制序列中提取隐藏信息。

6.2.2 基于模型点 Mean Shift 聚类分析的三维模型信息隐藏算法性能的理论分析

1. 不可见性分析

基于模型点 Mean Shift 聚类分析的三维模型信息隐藏算法基于局部高度的概念，利用 Mean Shift 聚类分析算法将模型表面顶点分为特征点、亚特征点和背景点。这三类点从人类视觉系统(HVS)特性来看，视觉重要性依次降低；按信息隐藏能量特性来看，其能量依次降低。

首先，本算法利用能量最低的背景点隐藏脆弱性标识，利用能量居中但数量最大的亚特征点隐藏秘密信息，从而基本保证了算法的不可见性；其次，本算法的具体隐藏区域为顶点坐标小数点的二进制序列，嵌入信息后对顶点坐标改动较小；最后，本算法利用置乱优化算法对秘密信息进行置乱，并获得置乱后的秘密信息和载体信息的最大一致性，使得嵌入信息后对载体的改动较小，从而保证了本算法的不可见性。

2. 鲁棒性分析

基于模型点 Mean Shift 聚类分析的三维模型信息隐藏算法将鲁棒参数隐藏于特征点，保证了算法的鲁棒性；欲隐藏信息嵌入亚特征点，保证了算法的容量性。

本算法利用哈希值 H^R 作为篡改判别标识和数据恢复依据，因为本算法只与顶点的局部高度有关，与其绝对高度和顶点间拓扑关系无关，所以可抵抗常见攻击(RST)、轻微的噪声攻击、针对拓扑结构的攻击。

3. 容量性分析

容量性方面，本算法利用模型顶点中能量居中但数量最大的亚特征点作为秘密信息隐藏载体，以这类顶点坐标值小数部分的二进制化序列为嵌入载体，使得本算法的容量较大。

4. 复杂度分析

本算法在实现信息嵌入之前，已经对载体进行了基于 Mean Shift 聚类分析法的预处理，一次预处理运算的结果可用于之后若干次信息嵌入的重复实验。在具体嵌入时，首先对不同秘密信息进行置乱；其次对置乱后的秘密信息和载体信息进行优化运算；最后对特定顶点的坐标值末位二进制化序列进行匹配运算和替换，运算过程仅上述三个步骤，运算时间较小。

6.2.3 基于模型点 Mean Shift 聚类分析的三维模型信息隐藏算法性能的实验分析

选取模型 Chinese dragon、Hand-olivier 和 Ramesses 作为信息隐藏载体，实验环境为 VC＋＋、OpenGL 和 Matlab。

实验选择图 6-3(a)为欲隐藏信息，图 6-3(b)为预处理后的欲隐藏信息。图 6-27(a)为原始载体模型，图 6-27(b)为隐藏信息后的载体模型。

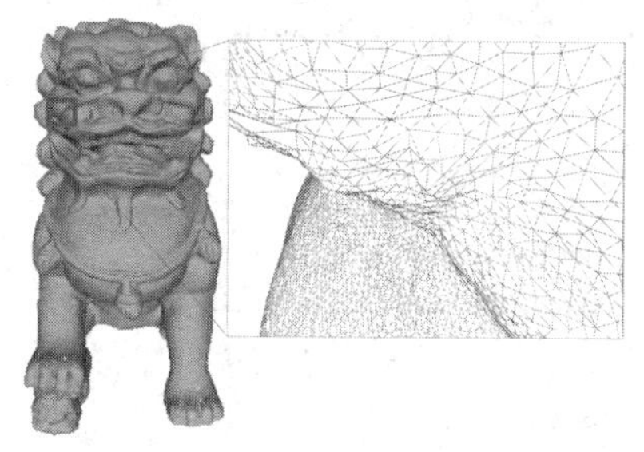

(a) Chinese dragon 原始模型

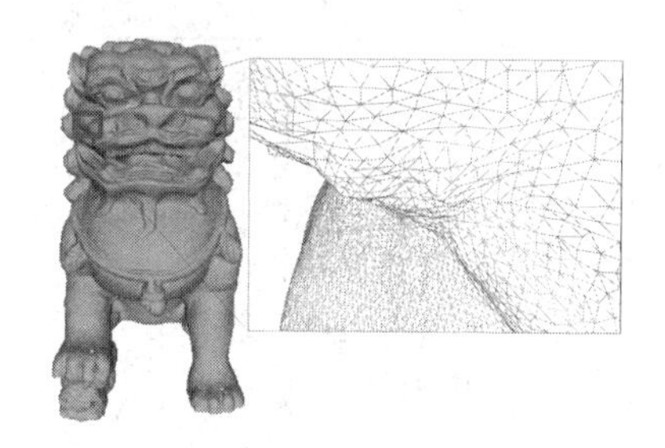

(b) Chinese dragon 含密模型

图 6-27　Chinese dragon 不可见性实验图

1. 不可见性实验

1) HVS 特性

从图 6-27 得知实验的不可见性满足 HVS 特性，不可见性良好。

2) Hausdorff 距离

利用 Hausdorff 距离将不可见性指标量化。用 Metro 工具包里的相关软件分别对载体模型 Ramesses、Hand-olivier 和 Chinese dragon 隐藏秘密信息 Baboon 后的 Hausdorff 距离进行计算。图 6－28 为嵌入量等于 $2^{17.087}$ bit 时的 Hausdorff 距离计算程序截图。

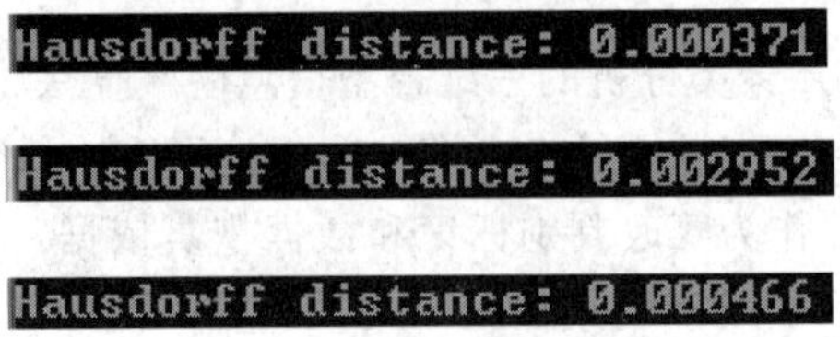

```
Hausdorff distance: 0.000371

Hausdorff distance: 0.002952

Hausdorff distance: 0.000466
```

图 6－28　三个模型的 Hausdorff 距离

图 6－29 为本算法分别对模型 Ramesses、Hand-olivier 和 Chinese dragon 进行信息嵌入的不可见性实验，图中横坐标为嵌入量 2^k，纵坐标为 Hausdorff 距离，可知随着模型顶点、面片数等复杂度指标量的增加，Hausdorff 距离会相应变小。且由图知，当嵌入量在 $2^{17.087}$ bit 时，模型 Ramesses、Hand-olivier 和 Chinese dragon 的 Hausdorff 距离(10^{-3})分别仅为 0.371、2.952 和 0.466。

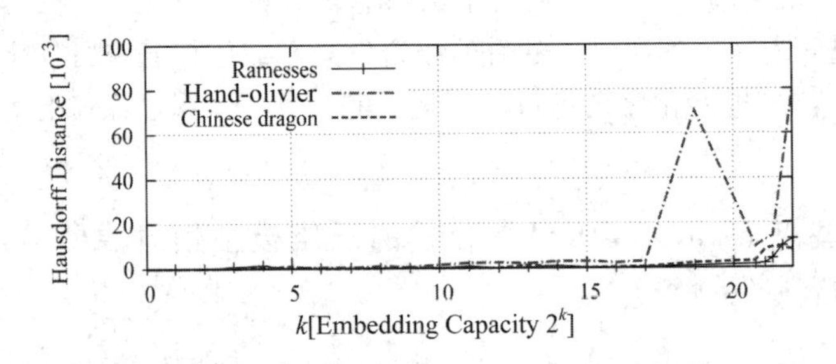

图 6－29　不同模型载体的不可见性实验(Hausdorff Distance－k)

图 6－30 为本算法分别对模型 Ramesses、Hand-olivier 和 Chinese dragon 进行信息嵌入的不可见性实验的 Hausdorff 距离(10^{-3})的平均值分布图。

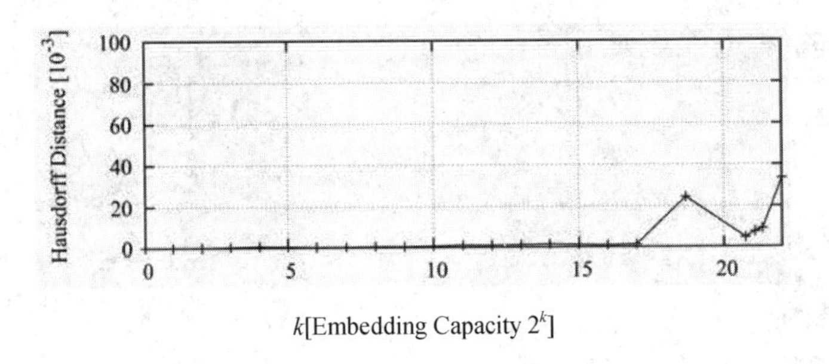

图 6－30　不可见性实验(Hausdorff Distance－k)

3) 骨架相似度匹配

图 6－31 为 MS 算法基于嵌入量指数 k 和骨架相似度 E^n 关系的不可见性实验图，图中的 E^n 为本算法分别对模型 Ramesses、Hand-olivier 和 Chinese dragon 进行信息嵌入的骨架相似度的平均值。

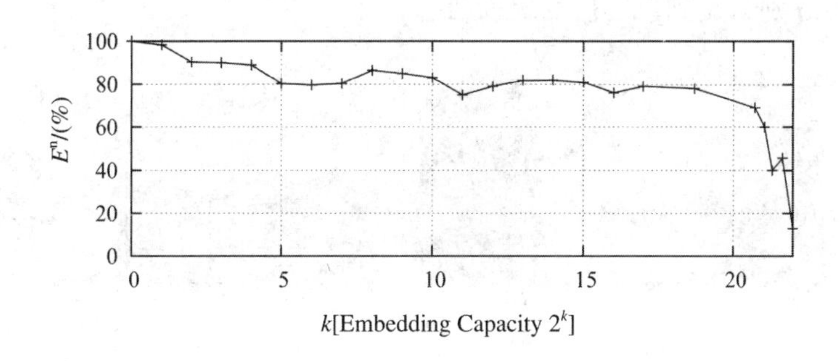

图 6-31　不可见性实验(E^n-k)

2. 鲁棒性实验

对模型 Chinese dragon 嵌入秘密信息 Baboon，并对含密模型进行常见类型攻击实验，如图 6-32 所示。其中，图 6-32(a)为含密模型和原始秘密信息，图 6-32(b)～(f)分别为各类攻击下的含密模型和提取到的信息。

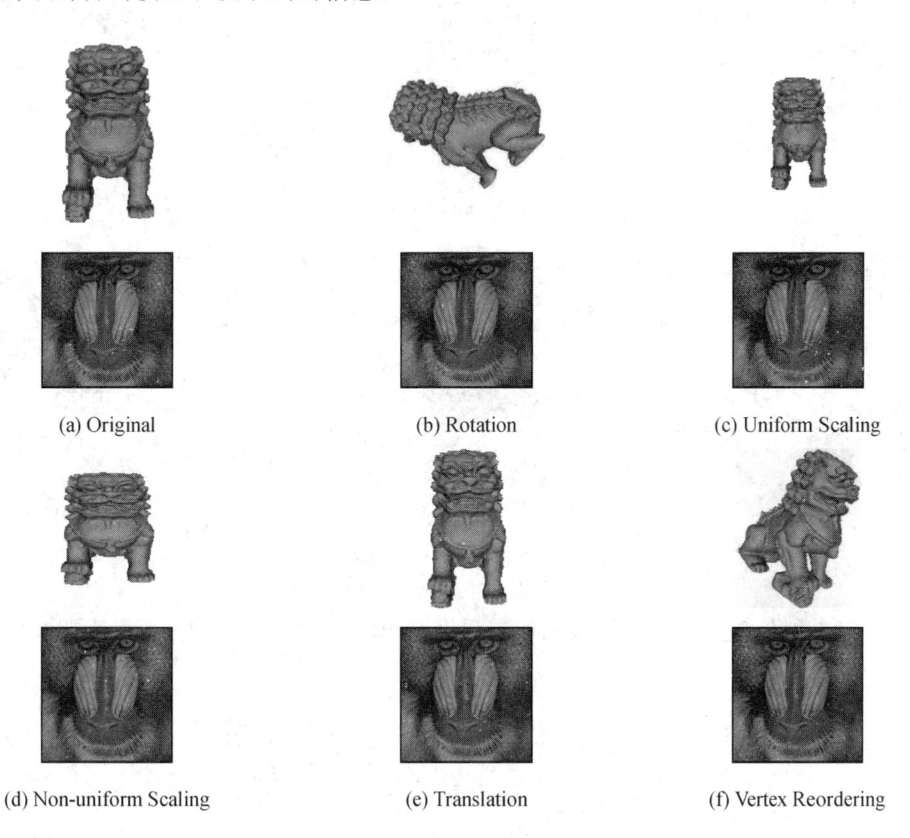

图 6-32　常见类型攻击下的提取信息

由图 6-32，可知在受到 RST 攻击及顶点重排序攻击时，提取信息具有很好的完整性。

本算法对 0.1%以下的随机加噪、重网格以及非均匀简化都具有较好的鲁棒性，如图 6-33～图 6-35 所示。其中，图 6-33(a)、图 6-34(a)、图 6-35(a)分别为含密模型，图 6-33(b)、图 6-34(b)、图 6-35(b)分别为受到攻击的含密模型，图 6-33(c)、图 6-34

(c)、图 6-35(c)分别为受到攻击后的提取信息。

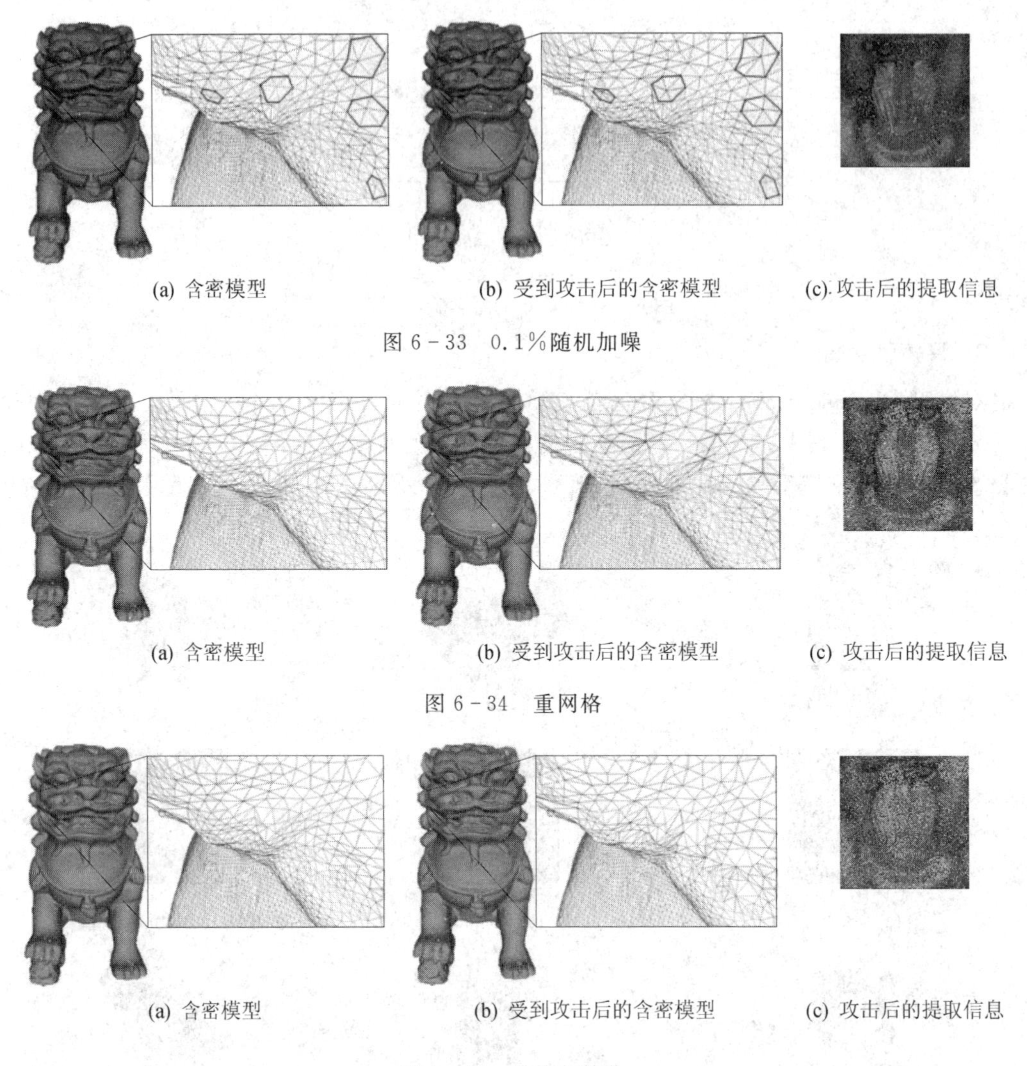

(a) 含密模型　　(b) 受到攻击后的含密模型　　(c) 攻击后的提取信息

图 6-33　0.1%随机加噪

(a) 含密模型　　(b) 受到攻击后的含密模型　　(c) 攻击后的提取信息

图 6-34　重网格

(a) 含密模型　　(b) 受到攻击后的含密模型　　(c) 攻击后的提取信息

图 6-35　非均匀简化

图 6-36 和图 6-37 给出了随机加噪强度与 BER 以及 Corr 的关系，表明算法有较强的鲁棒性。

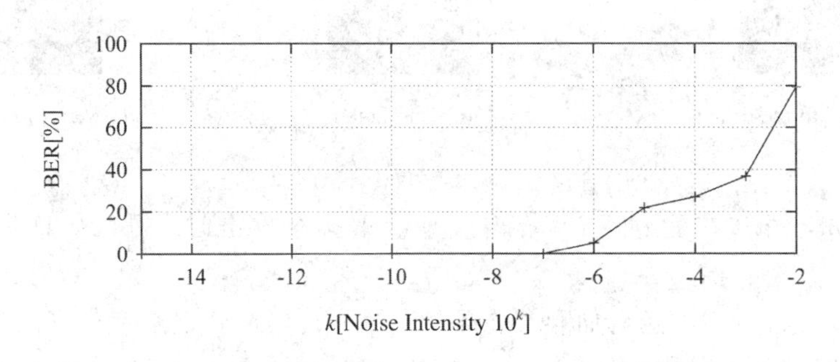

图 6-36　随机加噪鲁棒性实验(BER)

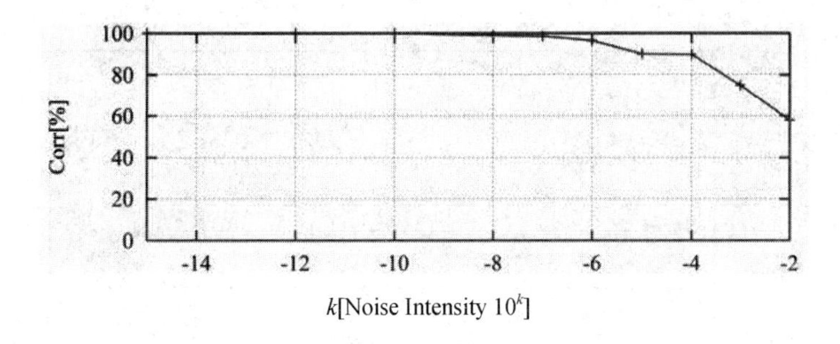

图 6-37　随机加噪鲁棒性实验(Corr)

图 6-38 和图 6-39 给出了均匀重网格化(Uniform Remeshing)强度与 BER 以及 Corr 的关系，表明算法有较强的鲁棒性。

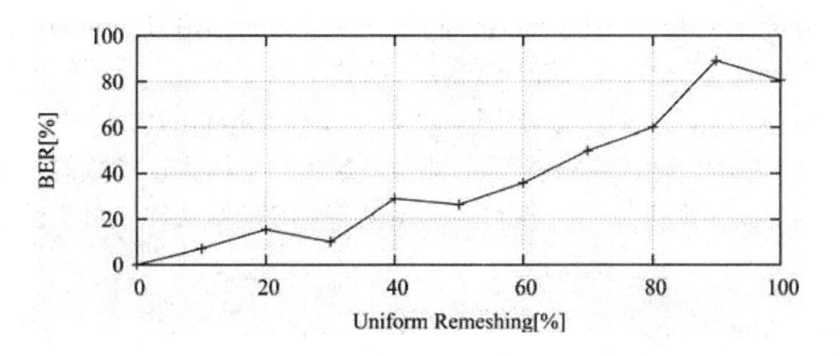

图 6-38　均匀重网格化鲁棒性实验(BER)

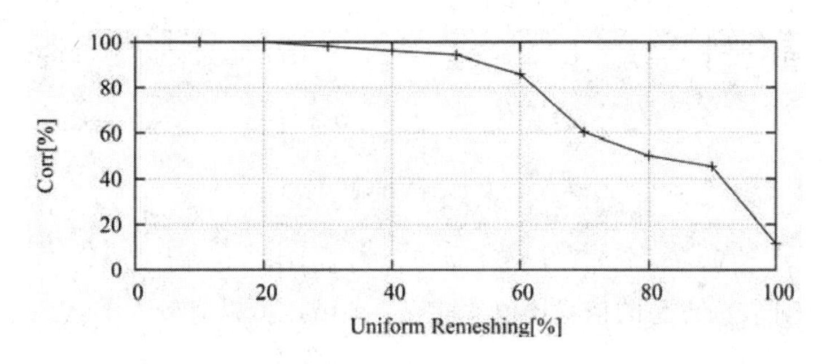

图 6-39　均匀重网格化鲁棒性实验(Corr)

图 6-40 和图 6-41 给出了均匀简化攻击(Uniform Simplification)强度与 BER 以及 Corr 的关系，表明算法有较强的鲁棒性。

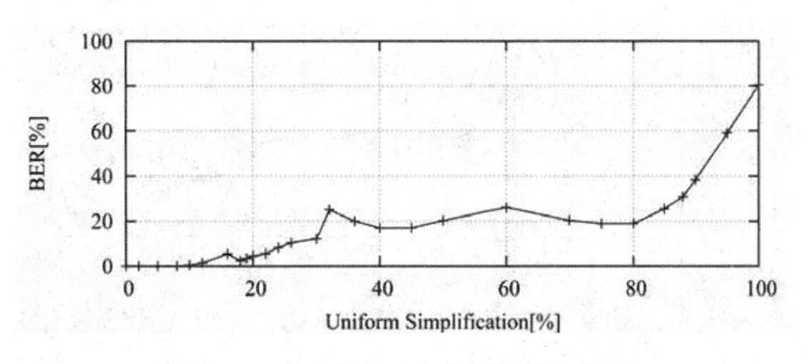

图 6-40　均匀简化攻击鲁棒性实验(BER)

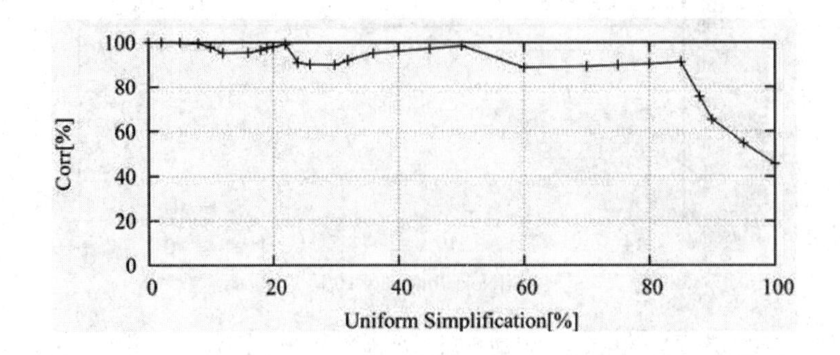

图 6-41　均匀简化攻击鲁棒性实验(Corr)

3. 容量性实验

图 6-42 为分别对模型 Chinese dragon、Hand-olivier 和 Ramesses 嵌入秘密信息 Baboo 后的 Hausdorff 距离的平均值与嵌入率(Embedding Rate)的示意图。由图 6-42 可知，当本算法对模型 Ramesses、Hand-olivier 和 Chinese dragon 的 Hausdorff 距离平均值 HD 为 7.51×10^{-3}时，嵌入比为 33.87%，即字节数相当于模型顶点数的 1/3，而此时嵌入量指数 k 为 17 时，嵌入量达到 $2^{17.27}$ bit。所以，基于 MS 的算法在不可见性良好的前提下，可隐藏信息量较大。

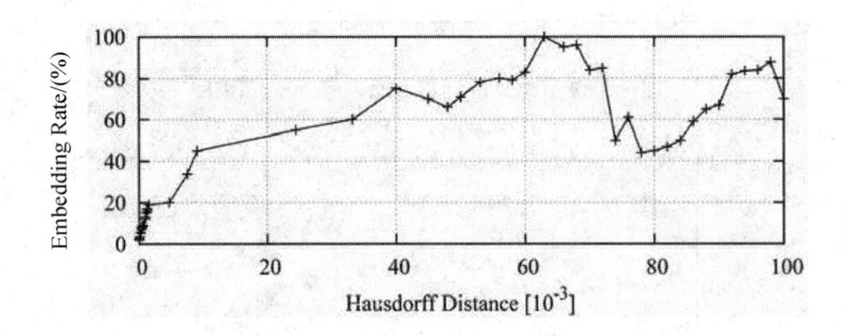

图 6-42　容量性实验(Embedding Rate-Hausdorff Distance)

本算法在保证较为理想的信噪比值的前提下，仍然可以有较大的嵌入量，因此具有很大的容量性。

图 6-43 为分别对模型 Chinese dragon、Hand-olivier 和 Ramesses 嵌入秘密信息 Baboo 后的骨架相似度 E^n的平均值与嵌入率(Embedding Rate)的示意图。由图 6-43 可

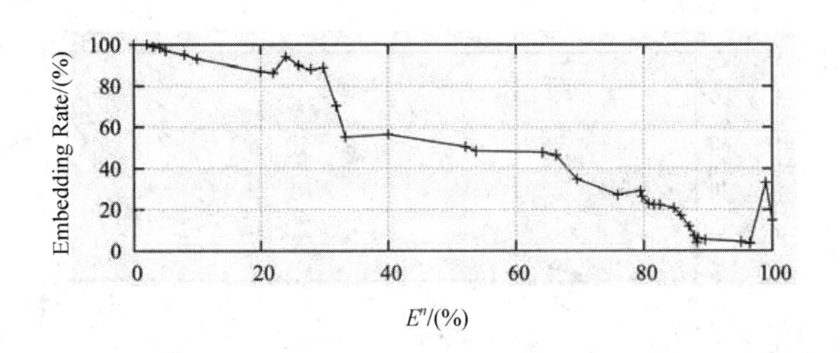

图 6-43　容量性实验(Embedding Rate-E^n)

知，当本算法对模型 Ramesses、Hand-olivier 和 Chinese dragon 的骨架相似度平均值 E^n 为 72%时，嵌入比为 32.01%，即字节数相当于模型顶点数的 1/3，而此时嵌入量指数 k 为 17 时，嵌入量达到 $2^{17.27}$ bit。所以，基于 MS 的算法在不可见性良好的前提下，可隐藏信息量较大。

4. 复杂度实验

图 6-44 为本算法分别对模型 Ramesses、Hand-olivier 和 Chinese dragon 进行信息嵌入的计算时间(Computing Time)的平均值分布图。由图可知，当嵌入量指数 $k \leqslant 20.74$ 时，计算时间 $t \leqslant 33.16$。说明本算法在对各模型嵌入较大量的信息时，计算时间小于 40 s，计算时间较小。

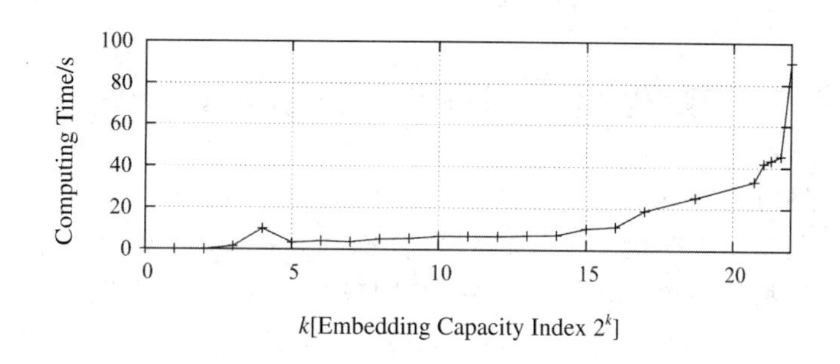

图 6-44　复杂度实验(Computing Time - k)

本 章 习 题

1. 基于骨架和内切球解析的三维模型信息隐藏算法通过选取何种指标衡量不可见性?

2. 基于骨架和内切球解析的三维模型信息隐藏算法在抗分析性方面做了哪些考虑?

3. 基于模型点 Mean Shift 聚类分析的三维模型信息隐藏算法的信息嵌入区域是如何生成及如何分配的?

第七章　信息隐藏系统组成

信息隐藏是一项复杂的系统工作，本章将影响算法性能的因素进行归类，从系统的角度对信息隐藏技术进行研究，提出基于两个子系统和9个功能模块的信息隐藏系统。

7.1　预处理子系统的模块设计与研究

信息隐藏预处理子系统承担着信息隐藏95%以上的工作，共分为7个功能模块，分别是信息加密模块、信息编码模块、载体选择模块、载体解析模块、算法选择模块、置乱模块以及优化模块。按照操作对象以及功能划分可以归纳为4个单元进行阐述，它们分别是：信息加密与信息单元、载体选择与解析单元、算法选择单元以及置乱与优化单元。如图7-1所示。

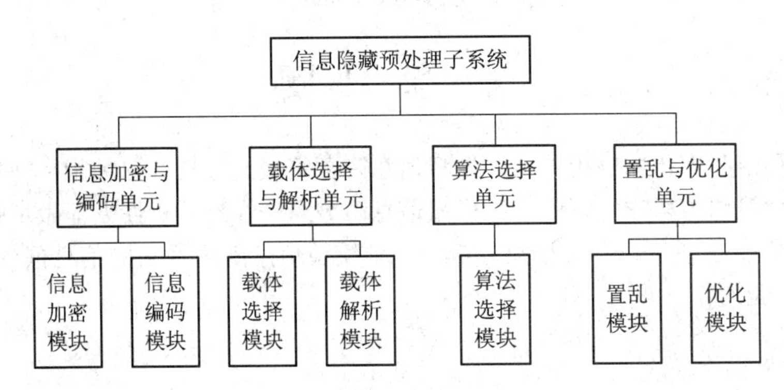

图7-1　信息隐藏预处理子系统研究体系

7.1.1　信息加密与编码单元的设计

信息加密与信息编码单元是对隐藏信息进行处理的单元，单元可根据系统要求进行信息加密、信息扩展、校验处理、压缩等加密与编码操作，这一部分包含信息加密模块和信息编码模块，下面分别进行阐述。

1. 信息加密模块

信息加密模块的作用是对欲传输的信息进行加密处理。嵌入信息通过加密处理后再进行信息的隐藏，对秘密信息具有双重保护作用。原因在于，即使攻击者发现秘密信息后，提取出来的密文也为不可读形式，需要进一步的破解工作才可读到传递的内容。在现代加密技术的今天，往往一个好的加密是很难破解的，即使破解成功也要花费很长的时间，失去了它的时效性。因此，在信息通信安全方面，信息加密模块是必不可缺的。

本节从信息加密的基础理论、加密方法选择原则以及加密模块运行流程三个方面对信息加密模块进行阐述。

1）信息加密的基础理论

密码学诞生之初就是以研究秘密通信为目的，即研究对传输信息采取何种变换以防止第三方对信息的窃取。其基本实现原理就是用一组含有参数 k 的变换 E，记为 E_k，实现式(7-1)即信息 m 通过变换 E_k 得到密文 c，即

$$c = E_k(m) \tag{7-1}$$

加密算法根据密钥体制的不同可以分为对称算法(Symmetric)和非对称算法(Asysymmetric)两类。对称算法是秘密密钥算法，要求发送者和接收者在安全通信之前商定一个密钥或实质上等同。对称密码又分为分组密码(Block chpher)和序列密码(Stream cipher)两类，分组密码是对明文按组比特进行运算，较为典型的是 DES、AES 和 IDEA；序列密码是对明文中的单个比特进行运算的密码算法，较为典型的序列密码有 A5 算法。非对称密码也就是公钥密码或双密钥密码，在加密和解密的过程中使用不同的密钥，且必需配对使用，较为典型的为 RSA 公钥密码体制、EIGamal 公钥密码体制。

2）信息加密方法的选择原则

在信息隐藏系统中，信息加密方法的选择原则是以不可见性、嵌入信息量和抗分析性为基础制定的。

(1) 基于不可见性和嵌入信息量的选择原则。

不可见性是信息隐藏的最基本要求，不可见性的实现取决于嵌入的方法(如空域、频域等)、嵌入的位置(如 LSB、DCT 低频系数等)、载体图像的特性以及嵌入的信息量，如图 7-2 所示。

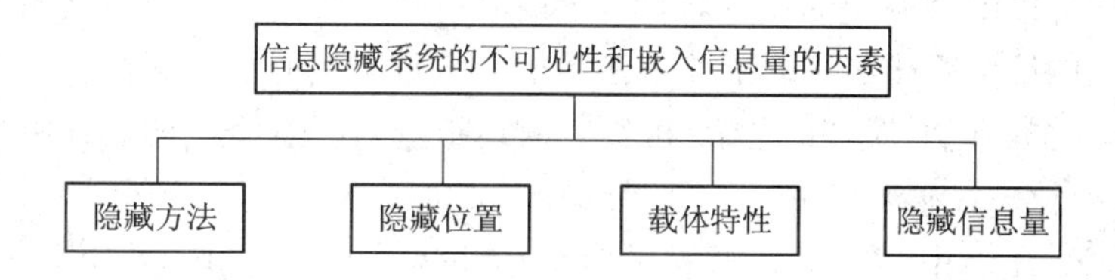

图 7-2　信息隐藏系统的不可见性和嵌入信息量的决定因素

在以上四个决定因素中，加密方法可以对隐藏信息量进行调整。在对称密码体系中，分组密码的实质是字长为 m 的数字序列代换字长为 n 的明文序列，输入字长 n 和输出字长 m 可有三种取法：$n<m$、$n>m$ 以及 $n=m$。$n<m$ 称为有数据扩展的加密算法，例如 RSA 算法、ElGamal 算法；$n>m$ 称为有数据压缩的加密算法，目前没有标准的有数据压缩的加密算法；$n=m$ 则是无数据压缩的加密算法，例如 DES、AES、IDEA、RC5 以及所有序列密码。

信息隐藏系统的信息加密方法选择原则之一是：在不考虑其他影响不可见性和嵌入信息量的因素前提下，当信息隐藏系统对不可见性和嵌入信息量有较高要求时，除自定义加密算法外，标准的加密算法只可选择 $n=m$ 类的加密算法；对不可见性和嵌入信息量有一般要求时，可以选择 $n=m$ 或 $n<m$ 的加密算法，参见图 7-3 所示。特别说明的是，选择 $n<m$ 加密算法的目的是综合考虑了系统其他特性时作出的选择。

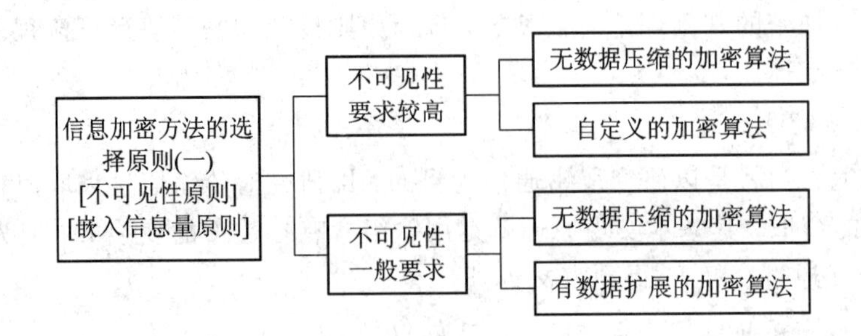

图 7-3　基于不可见性和嵌入信息量的信息加密方法选择原则

(2) 基于抗分析性的选择原则。

抗分析性是信息隐藏的较高要求，是目前该领域前沿的研究方向。达到抗分析性基本取决于隐藏方法、隐藏位置、载体特性以及隐藏信息特征。图 7-4 所示的是决定信息隐藏系统的抗分析性的四个因素。

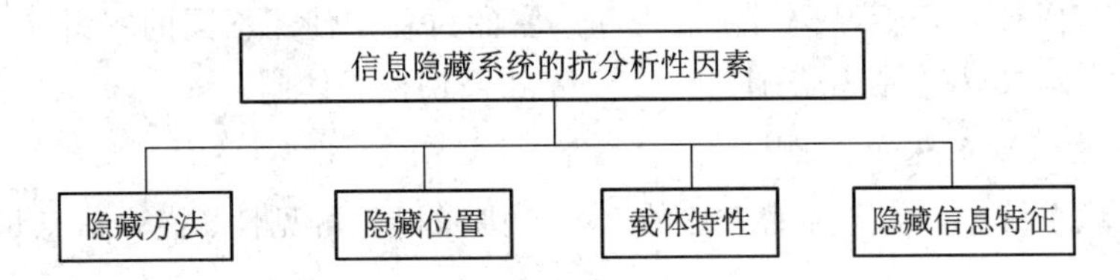

图 7-4　信息隐藏嵌入系统的抗分析性决定因素

加密方法在影响抗分析性方面，主要是从信息特征入手改变系统的抗分析性。扩散和混淆是现代分组密码的设计基础，其目的是为了抵抗对手对密码体制的统计分析。所谓扩散就是让明文中的每一位影响密文中的许多位，或者说让密文中的每一位受明文中的许多位的影响，这样可以隐蔽明文的统计特性。所谓混淆就是将密文与密钥之间的统计关系变得尽可能复杂，使得对手即使获取了关于密文的一些统计特性，也无法推测密钥。在分组密码的设计中，充分利用扩散和混淆，可以有效地抵抗对手从密文的统计特性推测明文或密钥。

另外，在序列密码中，同步流密码(Synchronous Stream Cipher，SSC)具有无记忆、时变的、无差错传播、对窜扰异常敏感的特性，抗统计分析的能力差。自同步流密码(Self-Synchronous Stream Cipher，SSSC)具有有记忆、时变的、有限差错传播、对窜扰不敏感的特性，强化了抗统计分析的能力。

综上所述，基于信息隐藏的信息加密方法选择原则之二是：在不考虑其他影响抗分析性因素的前提下，当信息隐藏系统对抗分析性有较高要求时，可以选择具有扩散和混淆特性的分组加密算法，也可以选择序列密码中的自同步流密码。对抗分析性有一般要求时，可选择序列密码中的同步流密码或非对称加密算法，见图 7-5 所示。

(3) 基于容量性的选择原则。

容量性是信息隐藏系统的必要要求，是任何一次信息隐藏工作都必须要考虑的问题。决定容量性的因素基本与不可见性决定因素相同，取决于嵌入的方法、嵌入的位置、载体图像的特性以及嵌入的信息量。

同理，从加密方法入手影响嵌入的信息量，最终改变系统的容量性。加密所改变的效果与不可见性部分基本相同。根据以上理论，基于容量性的信息加密方法的选择原则与上

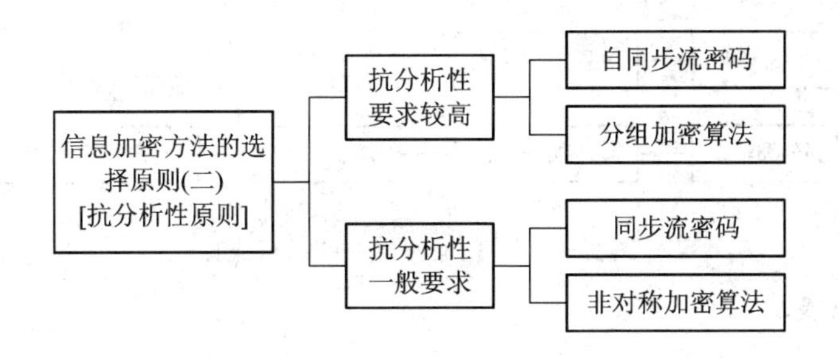

图 7-5 基于抗分析性的信息加密方法选择原则

文提到的基于不可见性的选择原则是相同的。

(4) 基于效率性的选择原则。

信息隐藏系统的运行也要考虑效率性。在对称密码中，序列密码与分组密码相比更易于硬件实现，加/解密速度快且错误扩散低，更适宜与要求高准确率的传输环境和接收端需要缓冲或单个字符处理的应用(如远程通信)。在常见的分组密码中，DES 的运行速度快于 IDEA，而 RC5 的速度则可根据参数进行选择。较快的分组密码是 Bruce Schneier 于 1994 提出的 Blowfish 算法。

根据以上理论，我们可以得出基于信息隐藏嵌入的信息加密方法选择原则之三是：在不考虑其他影响效率的前提下，当信息隐藏系统对效率有较高的要求，可以选择序列加密算法。对效率要求一般时，可以选择分组或非对称加密算法，如图 7-6 所示。

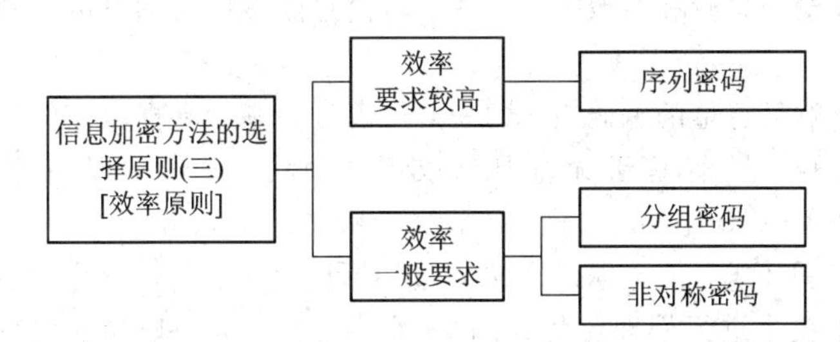

图 7-6 基于效率的信息加密方法选择原则

综上所述，面向信息隐藏系统的信息加密方法是依照不可见性、抗分析性、容量性以及效率性等问题进行选择。总结来说，当系统对不可见性和容量性要求高或一般时，信息加密模块可以从影响信息嵌入量进行性能干预；当系统对抗分析能力要求高或一般时，信息加密模块可以从信息特征影响到系统抗分析性能。当然，以上原则并不是程式化的理论套路，需要综合系统的其他要求和模块作以权衡。

3) 信息加密模块的运行流程

信息加密模块的设置是为了将隐藏的信息进行加密处理，整个模块运行有四个步骤，如图 7-7 所示。

(1) 输入原始隐藏信息。

(2) 根据原始信息以及系统的性能要求，参照信息加密算法的选择原则选出最佳加密方法。

(3) 依照所选择的加密方法对原始信息进行加密操作。

(4) 输出加密后的“密文”信息。

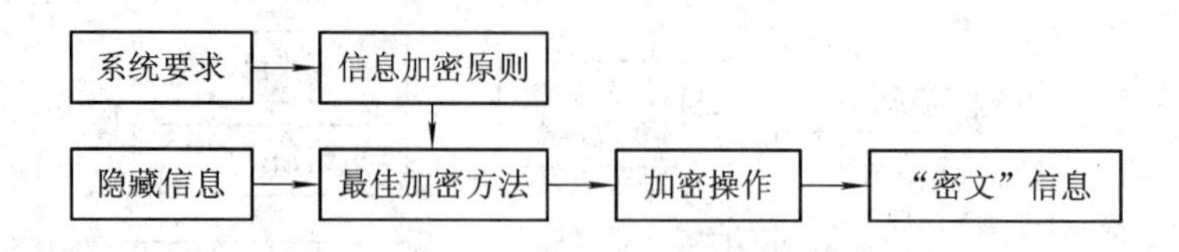

图 7－7 信息加密模块的运行流程

2. 信息编码模块

信息模块是对欲隐藏和传输的信息进行编码处理的模块，主要对其进行转换处理，在信息隐藏嵌入技术中主要是承担信息编码的工作。它涉及到系统信息的完整性、可用性以及可恢复性等诸多方面的问题，对整个信息隐藏系统是十分重要。一个好的信息编码可以很容易的从非嵌入算法的途径解决系统所要求的不可见性、鲁棒性、抗分析性以及容量性。本节从两个方面对信息模块进行阐述：① 基于信息隐藏的信息编码原则；② 信息模块系统的运行流程。

1）基于信息隐藏的信息编码原则

信息隐藏系统对编码处理的要求依然是不可见性、鲁棒性、抗分析性和嵌入信息量，下面从以上四个特性对基于信息隐藏的信息编码原则进行研究。

(1) 基于不可见性和嵌入信息量的选择原则。

减少嵌入信息量或者修改率是提高不可见性和增加嵌入信息量的有效方法之一，而信息编码是可以从改变信息量和修改方法入手，对信息隐藏系统的不可见性和嵌入信息量进行影响。

信息压缩是影响信息量的编码技术之一，可以分为基于有损压缩的信息编码和基于无损压缩的信息编码。目前基于无损压缩处理的信息编码主要有游程（Run Length Encoding，RLE）编码、Huffman 编码、算术编码和 LZW（Lempel-Ziv-Welch）编码等。根据信息隐藏技术的应用要求，信息编码方法的选择原则之一：选择改变信息量的基于无损压缩处理的信息编码技术进行处理。表 7－1 所示的是基于无损压缩的信息编码以及其适合操作的信息。

表 7－1 适用于不可见性和增加嵌入信息量的编码

编码名称	适合操作的欲嵌入信息
游程编码	灰度级不多、数据相关性很强的图像数据，尤其是二值(图像)信息
Huffman 编码	已知概率分布的无记忆信源信号
算术编码	数据流信息(特别是二元数据流)
LZW 编码	可预测性不大的数据、GIF 格式、任意宽度和像素位长度的图像

(2) 基于鲁棒性的选择原则。

决定信息隐藏系统鲁棒性的四个因素分别是嵌入的方法、嵌入的位置、载体图像的特性以及嵌入信息的组成结构。信息编码是可以从改变信息组成结构入手来影响信息嵌入系统的鲁棒性。抗干扰编码有多种方式，主要是通过对信息进行多项式运算生成含有校验码的数据包，解码时用同样的多项式进行运算，如果有误，则计算出错误位，然后进行纠错。

是否具有抗干扰性是信息编码影响鲁棒性的主要因素，根据信息隐藏技术的应用要求，信息编码方法的选择原则之二：选择具有抗干扰性的信息编码，编码通过对信息进行多项式运算生成相应的校验数据(例如 CRC)以及纠错数据(如 Turbo、LDPC、BCH、汉明码)来进行信息检验与纠错，使系统具有一定的抗干扰性，提高系统的鲁棒性。当信息嵌入系统对鲁棒性水平有较高要求时，嵌入的信息要足够“保险”，实现方法大致归于信息的反复嵌入、嵌入冗余校验信息、嵌入恢复信息以及参考信息。现有的相关编码参考表 7-2。

表 7-2　适合鲁棒性的信息编码选择

编码名称	实现功能	备　　注
CRC	判断是否被修改	被动检测，无恢复能力
MD5	确保信息传输完整一致	被动检测，无恢复能力
奇偶检验码	信息检错	没有纠错能力。只能发现单错，不能发现双错
反复编码	信息的重复嵌入	按照一定的规律对已有信息进行重复的嵌入

(3) 基于抗分析性的选择原则。

在四个决定抗分析性的因素当中，信息编码通过改变信息特征来影响系统的抗分析性能。载体图像数据是具有某种统计规律的，而这种“天生”的统计规律一旦因为隐藏信息而破坏，或者隐藏信息本身具有某种统计特性，就会容易被某些基于统计特性的信息隐藏分析方法所发现，所以信息编码方法的选择原则之三：当信息隐藏系统对抗分析性要求较高时，一方面可以使用改变信息特性的编码，使其具有接近载体图像特性；另一方面，可以使用信息编码有针对性的改变信息自身的统计特性，避免某种信息隐藏分析方法。Gray 码符合此类性质，它可以使任意两个相邻的数仅有一位不同，通过改变信息的关联性来改变自身的统计特性。

现有编码并没有专门去实现某种统计特性，但如表 7-3 所示的编码通过改变自身的统计特性，是有利于提高信息隐藏嵌入系统的抗分析性能的。

表 7-3　适合抗分析性的信息编码

编码名称	实现功能	备　　注
Gray 码	改变信息的关联性	使任意两个相邻的数仅有一位不同
Huffman 编码	改变信息概率分布	信息出现概率与信息编码长度成反比

(4) 基于容量性的选择原则。

决定信息隐藏嵌入系统容量性的四个因素与不可见性相同，由此我们可以得出信息编码方法的选择原则之四：当系统对容量性要求较高时，信息编码要实现的是用最少的信息量表达最多的信息含义，同时要实现高比例的压缩。这里同样是选取基于无损压缩处理的信息编码，依然参见表 7-1。

2) 信息编码模块的运行流程

信息编码模块对隐藏信息进行处理，使信息具有一定统计特性和信息量，从而影响信息隐藏系统的性能，整个模块有三个步骤，如图 7-8 所示。

(1) 输入隐藏信息。

(2) 对整个信息隐藏传输的目的和要求进行汇总，根据汇总的信息，按照信息编码原

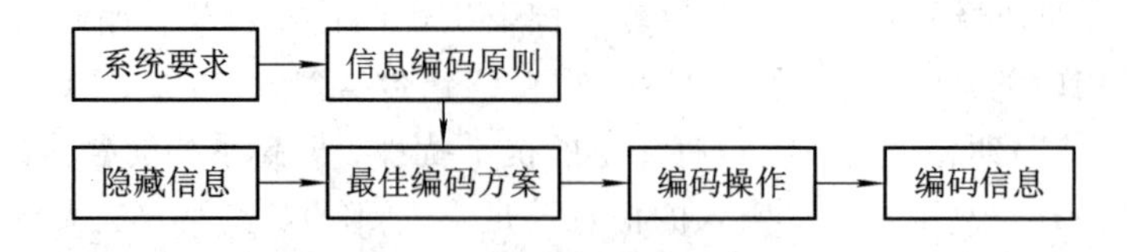

图 7-8　信息编码模块的运行流程

则得出最佳编码方案。

(3) 按照最佳编码方案，对信息进行编码操作，得出具有提高系统特性的编码信息。

7.1.2　载体选择与解析单元的设计

载体选择与解析单元是对信息隐藏载体进行选择和处理的部分，目的是从载体方面提高系统性能，下面对载体选择模块和载体解析模块分别进行介绍。

1. 载体选择模块

载体选择模块的功能是根据隐藏信息的大小以及统计特性等信息特性选择出合适的信息隐藏载体，提高信息隐藏系统的性能。

1) 载体图像的选择原则

作为信息隐藏技术所使用的数字载体图像，选择时应该主要考虑系统要求、信息传输渠道以及传输信息特性，如图 7-9 所示。

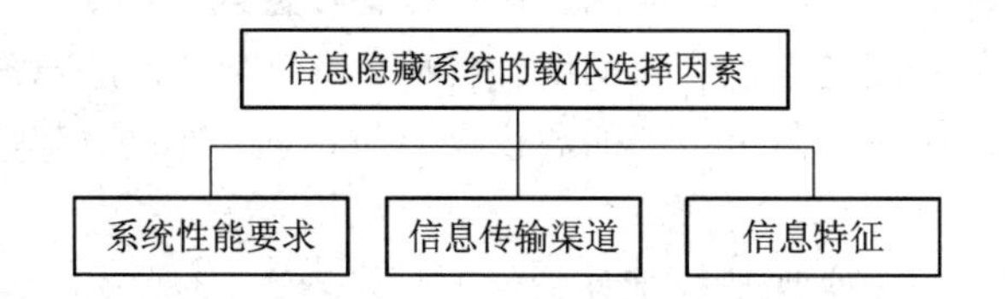

图 7-9　载体选择要素

根据以上三点要素，基于数字图像的信息隐藏技术在载体图像选择方面应遵循如下两点原则。

(1) 内容优先原则。

内容优先原则是注重载体图像本身所传达的信息，要选择载体内容与传输渠道相符合的数字图像，例如，通过体育 BBS 上进行传输时，选择当下最为流行的体育赛事图片作为信息隐藏传输载体较为适合。

内容优先是一个比较好实现的问题，因为它是以图像表象作为选择标准，现在利用计算机可以实现基于内容的数字图像识别。当然，目前基于信息隐藏技术的应用，绝大多数载体图像是利用人工的方法进行选择的。

(2) 统计优先原则。

统计优先原则是注重数字图像本身所具有的统计特性，例如颜色、纹理、概率分布特征、容量、信息冗余等空间和数学统计特征。实现统计优先较内容识别有一定的难度，利用人眼是不好或者不能判断的，只能利用计算机对其进行计算和识别。传输要求中不可见性主要注重载体图像的纹理、色彩分布等方面的信息；抗分析性主要注重概率特征是否明显等，通常选择最低位随机程度高以及未经压缩的图像，有较强的抗分析性能；鲁棒性主要强调载体容量的大小、剪切和翻转的难度等；嵌入容量主要就载体图像的自身蕴含的信息量进行衡量。

2）选择方法

根据内容优先和统计优先的载体图像选择原则，本书将图像的选择方法分为高低两个层次：较低层次的图像选择是基于图像基础特征的选择，主要指根据图像的颜色、纹理、形状和空间位置等视觉特征来进行选择；较高层次的图像选择是基于图像本身所蕴含的语义信息，通过边缘检测、形状描述、内容识别等技术获取图像内部属性信息。

不同选择因素的具体含义以及相应的选择原则和方法如表 7-4 所示。

表 7-4 信息隐藏载体图像选择方法

因素	具体含义	选择原则	选择方法
系统要求	不可见性、鲁棒性、抗分析性和嵌入信息量	统计优先原则	较低层次
传输渠道	BBS、新闻、即时通信、专业设计、E-mail 等	内容优先原则	较高层次
信息特性	信息量、编码特性、统计特性等	统计优先原则	较低层次

3）载体模块的运行流程

载体模块的设置是为信息隐藏系统选择适合系统要求的载体图像，整个模块有四个步骤，如图 7-10 所示。

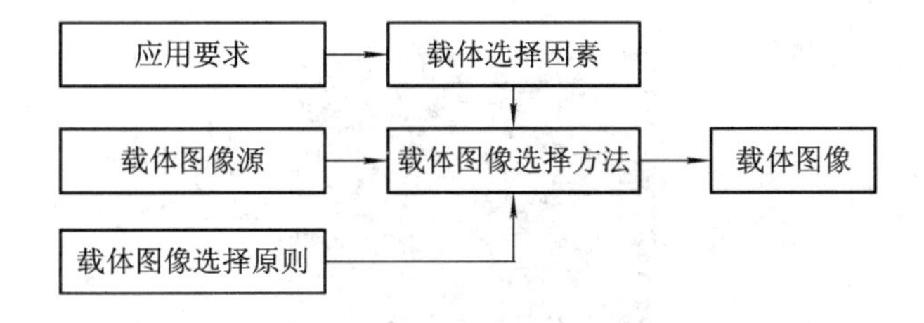

图 7-10 载体模块的运行流程

(1) 读取可以利用的载体图像。

(2) 对整个信息隐藏传输的目的和要求进行汇总，提取出信息传输渠道、传输信息特性以及系统性能要求。

(3) 根据信息传输渠道、传输信息特性以及系统性能要求按照载体选择原则和方法，在输入的可选载体图像源中选择图像。

(4) 输出最终确认使用的载体图像。

2. 载体解析模块

载体解析模块是一个用于提高信息隐藏不可见性、抗分析性和容量性的专门模块，其工作原理是依照嵌入规则得出载体图像本身具有的“隐藏信息”，以指导置乱和优化模块(详见 7.1.4 节)进行数据优化匹配。

1）解析原理

依照嵌入算法，得出载体按照嵌入算法本身所具有的信息。以下用基于 DCT 变换的信息隐藏算法实例进行解析流程的说明。为表述清楚，假设图 7-11 所示的 Lena 256 级灰度图像为 32×32 像素图片为本次信息隐藏系统的载体图像，应用 DCT 嵌入规则对载体图像进行解析，步骤如下。

图 7-11　Lena 256 载体图像

(1) 首先将原始图像数据分成 8×8 的数据块，如图 7-12 所示的左上角(共 64 个像素)作为二维 DCT 变换的输入，式(7-2)为 DCT 变换公式。

$$F(u, v)=\frac{1}{4}C(u)C(v)\left[\sum_{i=0}^{7}\sum_{j=0}^{7}f(i, j)\cos\frac{(2i+1)u\pi}{16}\cos\frac{(2j+1)v\pi}{16}\right] \tag{7-2}$$

其中，$F(u, v)$代表 DCT 变换后矩阵内的某个数值；$f(i, j)$代表图像数据矩阵中第 i 行 j 列像素的数据；$C(u)=C(v)=\begin{cases}\frac{1}{\sqrt{2}} & u=0, v=0\\ 1 & u, v=1, 2, \cdots, 7\end{cases}$。

图 7-12　Lena 256 载体图像分解 8×8 数据示意图

(2) 假设 Lena 256 载体图像的左上角图像矩阵为 $\boldsymbol{A}_{[8\times 8]}=\begin{bmatrix}a_{11} & a_{12} & \cdots & a_{18}\\ a_{21} & a_{22} & \cdots & a_{28}\\ \vdots & \vdots & & \vdots\\ a_{81} & a_{82} & \cdots & a_{88}\end{bmatrix}$，经过 DCT 变换后变为矩阵 $\boldsymbol{B}_{[8\times 8]}=\begin{bmatrix}b_{11} & b_{12} & \cdots & b_{18}\\ b_{21} & b_{22} & \cdots & b_{28}\\ \vdots & \vdots & & \vdots\\ b_{81} & b_{82} & \cdots & b_{88}\end{bmatrix}$。

(3) 将矩阵 $\boldsymbol{B}_{[8\times 8]}$数据按照从小到大的 Zig-zag 字线路存放入 8×8 表格中。假设信息交互双方约定将嵌入信息“体现”在相邻 8×8 DCT 系数分布块的序号是 24 的系数上，嵌入规则为相邻 8×8 DCT 系数分布块空域靠左的系数 24 数据大于空域靠右的系数 24 数据则表示为 1，相反为 0，即$\begin{cases}\text{No. }24_{\text{left}}>\text{No. }24_{\text{right}}\Rightarrow 1\\ \text{No. }24_{\text{left}}\leqslant\text{No. }24_{\text{right}}\Rightarrow 0\end{cases}$，最后按照行遍历进行提取。

(4) 载体图像为 32×32，包含 16 个 8×8 DCT 系数分布块，假设 16 个 8×8 经过 DCT 变换后，按照空域位置提取各块系数 24 的数据矩阵 $C=\begin{bmatrix}24 & 30 & 15 & 53\\21 & 12 & 23 & 10\\11 & 11 & 21 & 36\\42 & 22 & 34 & 19\end{bmatrix}$。根据嵌入规则提取图像本身包含的信息为 $\begin{bmatrix}0 & 0\\1 & 1\\0 & 0\\1 & 1\end{bmatrix}$，按行遍历解析，载体图像本身所具有的信息为 [0 0 1 1 0 0 1 1]。

以上是一个基于 DCT 变换的信息隐藏载体解析实例，载体解析模块的目的就是为信息嵌入者提供载体图像本身所具有的信息，以方便嵌入者根据载体图像的自身信息去调整要传输的信息，使其最大程度的吻合，达到尽量少修改载体图像的目的，满足了信息隐藏嵌入系统的要求。

2) 载体解析模块流程

载体解析模块是一个用于提高信息隐藏系统不可见性、抗分析性和嵌入信息量的专门模块，解析原理和目的是在没有隐藏信息之前，依照隐藏规则得出载体本身具有的"隐藏信息"，以方便信息隐藏者根据载体的自身信息去调整要隐藏的信息，使其最大程度的吻合，达到尽量少修改载体图像的目的。载体解析模块通过指导置乱和优化模块进行数据优化匹配，更好地满足信息隐藏系统的要求。整个模块的运行流程有三个步骤，如图 7-13 所示。

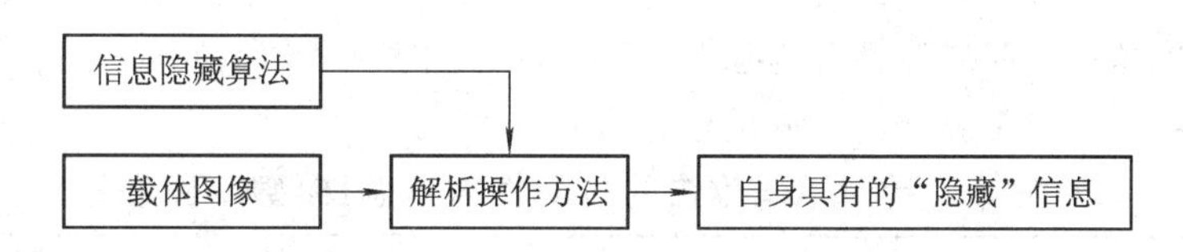

图 7-13　载体解析模块的运行流程

(1) 读取经过载体选择模块选出的载体。

(2) 读取算法选择模块得出的信息隐藏算法。

(3) 根据信息隐藏算法，解析出载体本身所含有的"隐藏"信息。

7.1.3 算法选择模块的设计

算法是信息隐藏技术中最重要的研究部分，而算法选择模块的作用就是分析和决策应用何种算法进行信息隐藏。

1. 算法选择原则

算法选择同样是基于不可见性、鲁棒性、抗分析性和嵌入信息量的要求。

1) 基于不可见性的选择原则

算法是决定不可见性的最重要因素，只要是满足人类视觉系统的数字图像和三维模型技术都可以应用到信息隐藏算法当中。表 7-5 所示的是信息隐藏算法可以利用的人类视觉系统特性和每种特性所取得的不可见性效果等级(出于选择的考虑，将等级分为高低两类)。

表 7-5　人类视觉系统中的不可见性因素(数字图像)

因素	具体含义	效　果
频率敏感性	对平滑区的变化很敏感，对高频部分的图像边缘的亮度误差不敏感	高
方向敏感性	对在垂直和水平方向的频率具有较强的视觉响应，而在对角线方向的频率响应显著下降	高
灰度敏感性	对中等灰度区最为敏感，而对高灰度区、低灰度区敏感度降低	高
纹理复杂性	对纹理区的灰度变化很不敏感，视觉闭值较高，可嵌入较多的信息	低
亮度敏感性	在背景亮的区域人眼对灰度误差不敏感，在背景暗的区域较位敏感	低

根据表 7-5 总结出的人类视觉因素与不可见性效果，隐藏算法选择原则之一(不可见性原则)：考虑频率、方向和灰度敏感性的信息隐藏算法有较强的不可见性，适合系统对不可见性要求较高时使用；而只考虑纹理和亮度敏感性的信息隐藏算法可以在一般的要求下使用。

2）基于鲁棒性的选择原则

决定鲁棒性的因素主要是隐藏信息(信息特性)和隐藏算法，而隐藏算法在影响鲁棒性方面起决定性作用。算法影响鲁棒性是一个复杂的问题，但也有一定的规律可循。本书认为，针对不同的攻击进行有针对性的研究是一种较为正确的思路，表 7-6 总结出针对不同攻击有较好的鲁棒性的算法或算法思路。由于目的在于导出算法选择原则，涉及选与不选的判断，所以将算法按照鲁棒性分为强和弱两个等级。表 7-6 所总结的是一般情况下的性能表现，不包括基于以下算法的良好的改进算法。

表 7-6　针对不同攻击的鲁棒性方法总结(数字图像)

<table>
<tr><th>算法(思路)</th><th colspan="2">算法描述</th><th>攻击</th><th>鲁棒性</th></tr>
<tr><td rowspan="5">多小波变换</td><td rowspan="5">由两个或者两个以上的函数作为尺度分量生成的小波</td><td rowspan="5">基于频率域</td><td>压缩</td><td>强</td></tr>
<tr><td>剪切</td><td>强</td></tr>
<tr><td>旋转</td><td>弱</td></tr>
<tr><td>滤波</td><td>强</td></tr>
<tr><td>噪声</td><td>强</td></tr>
<tr><td rowspan="5">离散小波变换(DWT)</td><td rowspan="5">从集中在某个区间上的基本函数开始，以规定步长移动基本波形，并用尺度来扩/缩构造函数系</td><td rowspan="5">基于频率域</td><td>压缩</td><td>强</td></tr>
<tr><td>剪切</td><td>强</td></tr>
<tr><td>旋转</td><td>弱</td></tr>
<tr><td>滤波</td><td>弱</td></tr>
<tr><td>噪声</td><td>强</td></tr>
</table>

续表

算法(思路)	算法描述		攻击	鲁棒性
离散余弦变换(DCT)	与傅里叶变换相关的一种变换，它类似于离散傅里叶变换，但是只使用实数	基于频率域	压缩	强
			剪切	弱
			旋转	弱
			滤波	弱
			噪声	强
			噪声	弱
最低有效位(LSB)	二进制中最低值的比特	基于空间域	压缩	弱
			剪切	弱
			旋转	强
			滤波	弱
			噪声	弱

根据表 7-6 中总结出的鲁棒性等级以及相对应的算法可知算法选择原则之二(鲁棒性原则)：一般来讲，基于小波或多小波变换的信息隐藏算法有较强的鲁棒性特性，适应于系统对鲁棒性要求较高时使用；而基于空间域以及离散余弦变换的信息隐藏算法适应于系统对鲁棒性没有较高要求时使用。

3）基于抗分析性的选择原则

决定抗分析性的因素主要是隐藏信息(信息特性)和隐藏算法。隐藏算法在影响抗分析性方面是起决定性作用的。通过研究不同的分析技术，掌握不同算法在抗分析性上的优劣势，在选择算法上做到有效的规避和针对性的选择是基于目前的研究水平的一种较为正确的思路。根据信息隐藏算法的隐藏域划分，分析算法主要有针对 LSB 思想的信息隐藏分析算法、针对变换域(DCT)思想的信息隐藏分析算法以及通用的算法。

(1) 针对 LSB 思路的信息隐藏分析算法。

Westfeld 等人通过分析像素值对的统计分布规律，建立卡方统计量来检测隐藏信息的存在性；Fridrich 提出 RS 分析方法，检测以连续 LSB 替换和随机 LSB 替换等方法隐藏的秘密信息。目前的信息隐藏算法主要是基于样值对分析的方法、基于差分直方图的方法、基于对数似然比检验的方法、梯度能量法、基于污染分布的方法、基于直方图差分分离的方法等，取得了很好的分析效果。

(2) 针对变换域(DCT)思想的信息隐藏分析算法。

Manikopoulos 提出了通过计算掩密图像的 DCT 系数概率密度函数(PDF)和干净参考图像的 PDF 来检测隐藏信息的存在性；Fridrich 通过判断 JPEG 格式的图像的饱和块来进行判断；Chandramouli 把普通的信息隐藏看成是一个线性转换，在一幅含密图像经过线性转换后至少获得两个副本；Harmsen 认为在一幅图像隐藏秘密信息相当于给图像加入加性噪声，掩密图像的直方图特征函数比未含隐秘信息图像的直方图特征函数更集中，通过这种特点把掩密图像从未含隐秘信息的图像中分离出来。

(3) 通用的信息隐藏分析算法。

Avcibas 提出的基于图像质量度量的方法；Farid 提出了基于图像小波分解的高阶统计量的方法；张涛等提出了一种基于 LSB 序列随机性度量和逻辑回归模型的隐藏信息检测方法，这类方法只要在载体图像和含密图像集合上进行训练，可以监测多种信息伪装算法甚至数字水印系统的隐藏信息。

表 7-7～表 7-9 总结出现有分析方法的分析原理、与所针对的隐藏算法之间的“对立”以及运用此算法时应当注意的关键要素。

表 7-7　分析方法(针对任意嵌入算法)的总结及抗分析对策

分析算法	分析算法描述(原理)	抗分析对策
高阶统计量检测	建立高阶统计量模型，检测与该模型的偏差来判断信息嵌入	隐藏信息要尽量满足载体图像的统计量所构成的特征向量
基于方差分析	用质量测度和多变量回归分析进行检测	注意隐藏的信息结构
正交镜像滤波器	多尺度分解后计算预测误差前四阶矩，用 Fisher 线性分类器和支持向量机分类	载体图像选择非 JPEG 图像
小波域高阶统计	将含密图像看成载体与隐藏信号之和后，小波变换为非平稳 Gauss 载体和隐写信号的混合，获得对隐藏信息的敏感信号	使隐藏信息和载体具有相同敏感性；减小含密图像在直方图(概率密度函数)尾部的差异
基于多尺度和多方向图像统计量	多尺度和多方向分解得到的幅度及相位的一阶和高阶统计量对大量图像具有良好的一致性，而对嵌入的图像灵敏度	使隐藏信息对多尺度和多方向具有与载体相同的统计量；控制信息嵌入量
基于 JPEG 兼容性的检测	针对 JPEG 图像。判断 JPEG 系数的兼容性，即系数块是否由 JPEG 量化系数解压缩而成的，从而表明信息嵌入的可能性	载体图像选择非 JPEG 图像；嵌入数据转化为类似的量化系数

表 7-8　分析方法(针对基于 LSB 的嵌入算法)的总结及抗分析对策

分析算法	分析算法描述(原理)	抗分析对策
Chi-Square 统计检测	比较隐秘图像中像素的理论期望频率和从可能被修改过的载体中观测到的样本的频率进行比较，从而找出差异	选择最低位随机程度高的载体图像；使用离散嵌入算法
RS	利用图像空间相关性导出灵敏的双重统计量	降低嵌入信息量
直方图特征函数和质心	利用含密图像的直方图中 $h_S(n)$ 是 $h_C(n)$ 和噪声概率分布函数 $f_\Delta(n)$ 的卷积	载体图像选择未压缩的图像；载体图像选择灰度图像较好；降低嵌入信息量
RQP	针对调色板图像、真彩图像、JPEG 图像，太多的相近颜色对的出现表明了 LSB 嵌入的存在	降低嵌入信息量；载体图像选择非真色彩图像；载体图像要未进行过 JPEG 压缩的图像
转换函数检测	针对灰度图像，较次要位平面的随机性的面积大于较重要位平面随机性的面积且随机性逐渐增加	载体图像选择非灰度图像
Rocha et al.	使待检测图像最低位逐步随机化，得到一系列有差异的 LSB 图像，每步得到一幅 LSB 图像，判断熵值变化(逐渐增加)	嵌入信息要高度随机化；在非最低位平面嵌入隐藏信息

表 7-9　分析方法(针对非 LSB 空间域相关嵌入算法)总结及抗分析对策

嵌入算法	分析算法	分析算法描述(原理)	抗分析对策
基于空间域	特征分析检测	干扰噪声加入后增加了梯度能量	根据梯度能量公式 $GE=\sum\mid I(n)-I(n-1)\mid^2$ 缩小嵌入前后的梯度能量
基于空间域和DCT 变换	μ 检验	给定图像 LSB 的采样样本，通过 0/1 统计信息得出隐藏概率	避免连续嵌入均匀分布信息；选择非 256 色调色板图像或高随机度 LSB 作为载体图像
	χ^2 检验		
	正态检验		
基于位平面	对空域 BPCS 的统计分析	含密图像的位平面小块复杂度直方图存在两个明显的不连续点，据此可实现对 BPCS 隐写的分析	选择频率域嵌入算法；相邻区域要统一操作，缩小嵌入范围，避免整体嵌入操作
基于调色板(EzStego)	Pair Analysis 高阶统计量	通过最低位面混乱度和逆嵌入操作后的奇异颜色像素个数可察觉秘密信息的存在	选择频率域的嵌入算法；在非最低位平面利用像素关系嵌入隐藏信息

综上所述，目前的分析方法可以分为基于统计特征的方法和通用分析方法。对于通用分析方法，一般来说可靠性不高，而且分析的可靠性很大程度上依赖于对载体图像改变的程度。针对通用分析方法，隐藏算法应该尽量减少信息隐藏量(相对信息隐藏量)以及提高隐藏信息与载体的一致性。为提高抗通用分析方法的能力，应该选择相对隐藏量较大的算法策略；对于基于统计特征的分析方法，信息隐藏算法应该注意隐藏方式、信息结构(分布和统计特性)以及信息隐藏量，为了提高抗基于统计特征的分析方法，信息隐藏算法应该主要应用变换域生成的隐藏区域。算法选择原则之三(抗分析性原则)如表 7-10 所示。

表 7-10　算法选择原则之三(抗分析性原则)

算法	选择算法的注意事项	
空域	嵌入信息方面	用匹配嵌入的方法消除替换所引入的统计不对称性
		控制信息嵌入量
		使用离散嵌入算法且进行信息分散
	选择载体方面	选择最低位随机程度高的载体图像
		载体图像选择未压缩的图像
频域和空域	嵌入信息方面	嵌入信息要尽量满足载体图像的统计量所构成的特征向量
		信息提取的特征对隐藏信息和载体内容具有相同的敏感性
		嵌入信息对多尺度和多方向具有与载体相同的统计量
	选择载体方面	载体图像选择未压缩的图像

4) 基于嵌入信息量的选择原则

相对于基于其他系统特性的算法选择，嵌入信息量是比较直观且易于实现的。这里直接给出算法选择原则之四(嵌入容量原则)：从算法基于的嵌入域来讲，基于空间域的信息隐藏算法的嵌入信息量大于基于变换域的算法；从算法基于的载体图像来讲，彩色图像的嵌入信息量大于灰度以及二值等图像、画面复杂的嵌入信息量大于画面简单的、像素水平高的大于像素水平低的；从算法基于的颜色空间来讲，表示颜色越多的嵌入信息量越大。值得说明的是，这里给出的算法选择原则之四(嵌入容量原则)是载体选择原则的补充。

2. 算法选择模块的运行流程

算法选择模块的设置是为了按照信息隐藏系统的性能要求选择合适的信息隐藏算法，整个模块运行有三个步骤，如图 7－14 所示。

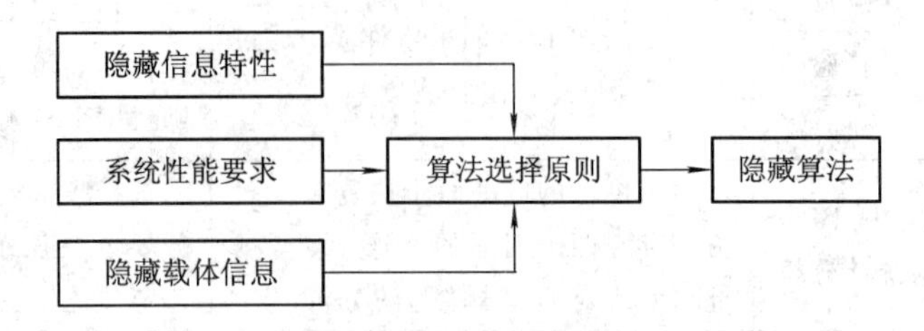

图 7－14　算法选择模块的运行流程

(1) 读取和分析信息隐藏系统的性能要求、隐藏信息的特性以及隐藏载体的信息；

(2) 将系统性能要求、信息模块和载体模块的信息输入算法选择原则；

(3) 选择出最接近算法选择原则的信息隐藏算法。

7.1.4　置乱与优化单元的设计

置乱与优化单元是对隐藏信息或者载体图像进行置乱处理，通过对置乱参数进行优化，在打乱隐藏信息的基础上提高了隐藏信息与载体图像的匹配度，提高了信息隐藏系统的安全性和不可见性等系统特性。

1. 置乱模块

置乱模块的作用是对欲隐藏的信息以及载体图像进行置乱。由于在第二章基于匹配度的信息隐藏规则中已经对可以较好的应用于信息隐藏系统的置乱方法进行了详细的介绍，所以本节总结出置乱在信息隐藏技术中的作用以及置乱模块的运行流程。

1) 置乱方法

目前，可以应用于信息隐藏的置乱技术有 Arnold 变换、幻方矩阵、Hilbert 曲线、混沌序列、骑士巡游等。

2) 置乱作用

置乱即打乱的意思，就是将图像的信息(包括像素、颜色等信息)次序打乱，使其变换成杂乱无章难以辨认的图像，起到加密的作用，还可以改变信息隐藏后的特性。

(1) 加密作用。

加密的作用体现在基于置乱的安全性，主要是考虑在信息隐藏算法有整体破解隐患且嵌入信息为数字图像并未经加密处理时，如果不进行相应的置乱，会使攻击者提取出信息后容易从表象上猜出传递的信息。例如，假设图 7－15(b)是攻击者按照一定方法提取出的未经置乱的信息，不论是否清晰，但欲传输的信息(Baboo)是完全掌握了。

所以，置乱作为一种图像加密技术，运用一定的规则搅乱图像中像素的位置或颜色，使之变成一幅杂乱无章的图像，从而达到无法辨认出原图像的目的。

(a) 传输的信息

(b) 提取的信息

图 7-15　不完整提取信息的完全信息暴露

（2）改变信息嵌入特性。

在改变信息嵌入特性方面主要包括：提高嵌入信息与载体图像的匹配度、改变嵌入信息的统计结构以及分散度的问题。具体含义见表 7-11 所示。

表 7-11　基于置乱方法的信息隐藏特性

置乱作用	实现方法	使用效果
提高匹配度	将隐藏信息顺序进行置乱，目的是与载体解析模块解析出的载体自身含密信息达到尽可能的匹配	提高不可见性
改变统计结构	通过置乱消除信息与载体图像素间的相关性，使信息呈现出某些特性(类白噪声)。置乱后的图像具有无色彩、无纹理、无形状的“三无”特性	提高抗分析性
调整分散度	在考虑隐藏算法的前提下，通过置乱算法将隐藏信息“打散”，分散信息比特的分布，从而提高隐藏系统的鲁棒性	提高鲁棒性

3）置乱选择策略

信息隐藏技术中置乱模块的作用就是与优化模块进行配合，使信息与载体解析出的信息达到最大的相似，所以选择算法主要要考虑与优化模块进行配合，满足快速的置乱参数回馈，以最小复杂度实现信息匹配。

置乱选择策略主要从置乱程度、置乱参数以及置乱花费进行衡量，但目前对于置乱算法的性能衡量没有统一的标准，讨论并没有建立在统一的平台上进行，在现有研究的状态下，实际的置乱算法依照信息隐藏者自身的技术条件进行选择。对于各个置乱算法在信息隐藏中的性能表现还需进一步的研究。

4）置乱模块的运行流程

置乱模块的设置是为了根据信息隐藏系统的要求，有目的的选择信息置乱算法，提高系统的整体性能。整个模块运行有六个步骤，如图 7-16 所示。

（1）读取信息隐藏系统的性能要求和信息隐藏算法。

（2）根据性能要求和隐藏算法，按照置乱选择策略，选择出置乱算法。

（3）根据置乱算法对隐藏信息和载体进行置乱，输出初步置乱信息。

（4）输出置乱后的信息到优化模块进行优化。

（5）读取优化模块传回的相关参数。

（6）根据相关置乱参数对信息进行最后的置乱，输出最终的置乱信息。

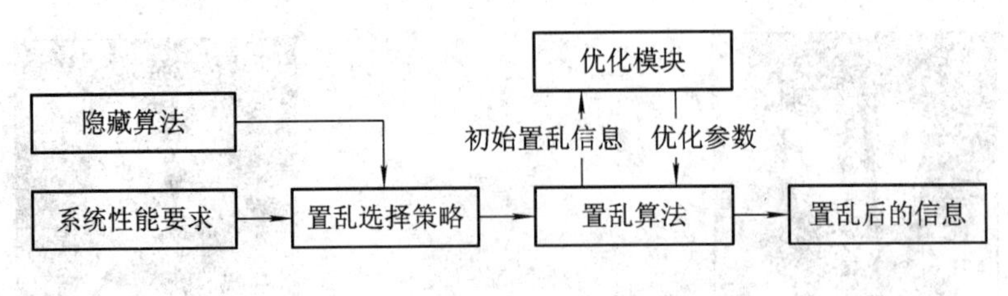

图 7-16　置乱模块的运行流程

2. 优化模块

优化模块的作用是将初步置乱后的隐藏信息与载体解析模块解析出的数据进行比较，达到最大化的一致性。方法就是通过改变置乱参数进行调整，反作用于置乱模块，使其重新进行置乱操作，最终使欲嵌入的隐藏信息与载体达到最佳的匹配度，减少对载体的修改，提高信息隐藏系统的性能。可以说，“不改”载体图像才可以达到最好的系统性能。

例如，在 7.1.2 小节中的实例，载体解析模块中解析出的载体自身信息为 00110011。如果载体图像未作任何改变就传输出去，那么接收方认为所传达的信息为 00110011。假如我们要传输的信息为 11001100，如果直接嵌入，要将所有 DCT 相邻系数 24 大小进行调整，如果我们将要嵌入的信息经过优化，即按位取反后进行嵌入，那么就与载体自身信息完全相吻合，可以说只要用其余位告知接受方收到信息后按位取反即可，大大降低了修改率。

1）优化理论

在信息隐藏系统理论中，所有对信息进行调整的方法都称为优化理论，要根据具体的信息结构和载体解析信息选择适合的方法。

2）优化选择策略

在信息隐藏系统中，涉及的主要是两组序列的最大一致性问题，本书的优化模块主要运用遗传算法理论。

由于遗传算法的整体搜索策略和优化搜索方法在计算时不依赖于梯度信息或其他辅助知识，而只需要影响搜索方向的目标函数和相应的适应度函数，所以遗传算法提供了一种求解复杂系统问题的通用框架，它不依赖于问题的具体领域，对问题的种类有很强的鲁棒性。函数优化是遗传算法的经典应用领域，也是遗传算法进行性能评价的常用算例。许多人构造出了各种各样复杂形式的测试函数：连续函数和离散函数、凸函数和凹函数、低维函数和高维函数、单峰函数和多峰函数等。对于一些非线性、多模型、多目标的函数优化问题，用其他优化方法较难求解，而遗传算法可以方便地得到较好的结果。

本书测试函数即优化目标模型，是设载体解析信息为 $Z=(z_1, z_2, \cdots, z_n)$，欲嵌入信息为 $X=(x_1, x_2, \cdots, x_n)$，$Z$ 和 X 序列对应位相同的个数用 F 表示，则优化的目的是调整序列 X 使 F 最大，优化公式如(7-3)所示，其中，η 是模块优化后的反馈给置乱模块的优化参数(集)。

$$F(\eta) = \max \sum (x_n \overline{\oplus} z_n) \tag{7-3}$$

3）优化模块流程

优化模块的设置是为了依照信息隐藏嵌入系统的要求，为信息置乱模块提供最优置乱参数，提高系统的整体性能。整个模块运行有四个步骤，如图 7-17 所示。

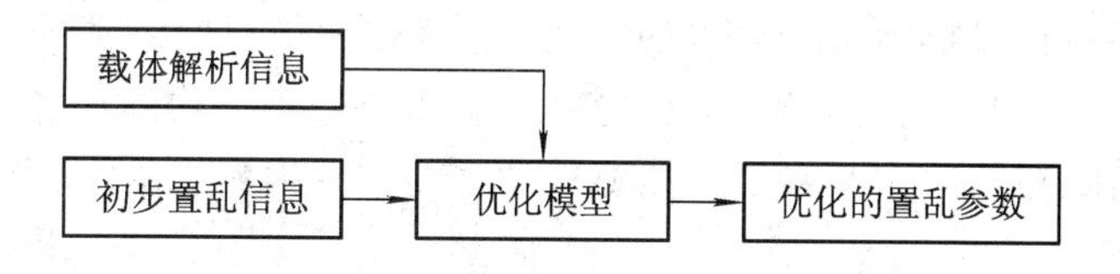

图 7-17　优化模块的运行流程

(1) 读取置乱模块输出的初步置乱的信息；

(2) 读取载体解析模块输出的载体解析信息；

(3) 根据信息隐藏信息优化模型，式(7-3)求解最优参数；

(4) 优化结束，输出置乱参数到置乱模块。

7.1.5　预处理子系统的补充说明

预处理子系统中的七个功能模块之间不仅存在彼此的配合，而且还存在因系统的复杂性导致的制约、冲突和影响。

1. 制约关系说明

预处理子系统中涉及到加密方法选择、编码方法选择、置乱算法选择、优化方法选择、载体选择和信息隐藏算法选择，前 4 种选择均与信息处理有关，统称为信息预处理单元。由于这 4 种选择均对信息这一对象进行操作，所以信息预处理单元、载体和隐藏算法之间就存在相互制约关系，如图 7-18 所示。

图 7-18　系统模块制约关系

1) 隐藏信息的特性决定算法的选择和载体的选择

信息隐藏系统的建立就是为了安全地传输秘密信息，欲传输的秘密信息是系统建立的基础。隐藏信息主要从其重要程度、嵌入信息量以及统计特性等方面决定算法与载体的选择。

2) 隐藏算法的选择决定载体图像的选取和信息的处理

根据算法选择模块分析，尤其从算法与抗分析性的研究中可以看出，某些算法需要有一定条件的载体图像和隐藏信息予以匹配才可以实现预期的隐藏效果。算法主要从格式、是否压缩、统计特性(如某分解量的随机程度或纹理特性等)去选择使用的载体图像；从编码格式、信息量、统计特性、匹配程度等方面去选择适用的信息处理方法。

3）载体图像的选取决定隐藏信息和隐藏算法

在信息隐藏系统的性能有一定要求的情况下，载体图像所“接受”的信息量、编码方式和统计特性等均有一定的上限与规定，为隐藏信息以及处理方式的选择提供目标参考，决定隐藏的信息。而隐藏算法作为系统性能要求的主要实现因素，在性能有明确要求的情况下决定选择的算法。

综上所述，加密方法选择、编码方法选择、置乱算法选择、优化方法选择、载体选择和隐藏算法选择是相互制约的。算法、载体和信息三个要素之间的先后选择顺序取决于系统使用者在其三方面上的把握程度，并无固定的顺序，具体运作需要加入各个模块的制约因素。

2. 冲突和影响说明

在信息处理单元，信息隐藏预处理子系统设置信息加密模块、信息编码模块和置乱模块，这三个模块均对信息进行直接处理，均有对信息结构、统计特性、信息分布改变的作用，在功能上是有重复的，彼此在信息处理上是有一定的冲突和影响的，部分原因在于信息隐藏系统各性质的冲突，例如信息编码模块在考虑不见性时利用无损压缩编码进行数据压缩，而信息加密模块在考虑鲁棒性时又利用“$n<m$”加密算法扩大数据量。

综上所述，在实际的系统设计时，要综合考虑系统最终的性能要求和实现模块功能的复杂度，权衡各个模块对系统性能的贡献和自身的设计能力，实现预期的系统性能设计目标。

7.2 嵌入子系统的模块设计与研究

信息隐藏系统的嵌入子系统主要是根据应用要求对系统进行补充和对信息实施具体隐藏，整个子系统分为两个功能模块，分别是补丁模块和嵌入模块，本小节对两个功能模块进行详述。

7.2.1 补丁模块的设计

基于信息隐藏技术的应用情况往往比较复杂，预处理子系统所生成的最终隐藏信息有时不能最终满足某些实际的应用要求，在这样的情况下就需要对隐藏工作进行补充，在基于信息隐藏技术的秘密通信应用中，补丁模块生成的补充内容主要包括传递信息和无效信息，下面分别进行介绍。

1. 传递信息

补丁模块生成的传递信息不是最终接收方应得到的秘密信息，而是指传递过程中使用的信息。一般情况下，基于信息隐藏的秘密通信不必经过第三者，而直接通过预先设定的渠道进行信息的发送和接收，但在有些情况下是需要一位或多位中间人以接力的方式进行信息传递。传递机制要求信息传递的中间人不能了解传递内容以及接力人的信息，这就需要信息传递者嵌入独立于秘密隐藏信息的额外信息去实现以上传递机制，如图 7 - 19 所示。

根据传递机制的要求，传递信息主要是指发送方要求当前传输者将接收到的数据传输

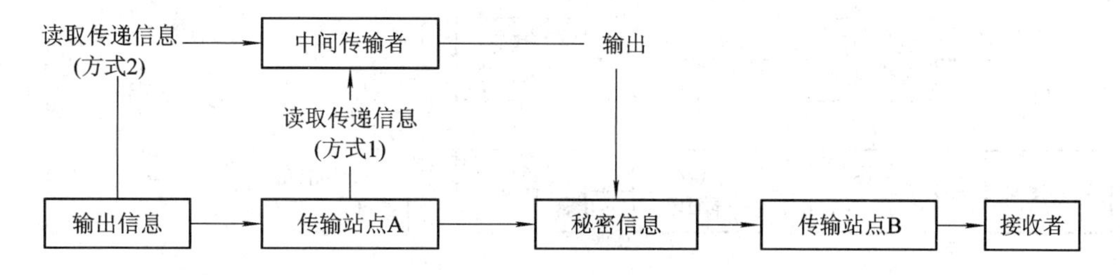

图 7-19　传递信息的作用示意

到下一个节点的位置信息，如某门户网站或网络论坛地址等。中间传输者有两种方式读取传递信息，一种(方式 1)是以信息隐藏或信息解码的方式直接从接收到的含密图像中进行提取，另一种(方式 2)是通过特殊信道接收到传递信息。

2. 无效信息

无效信息的主要作用是用来迷惑信息隐藏分析者，具体方法是根据隐藏分析者所具有的信息隐藏分析能力，按照可以被检测出的方法故意的“隐藏”一些误导分析者的无效信息。一方面，无效信息可以误导和迷惑信息隐藏分析者；另一方面，无效信息的破解使信息隐藏分析者得到满足，不再继续深入破解，有效地保护了真正的秘密通信信息。

7.2.2　嵌入模块的设计

嵌入模块是按照预处理子系统生成的隐藏信息和方法以及补丁模块生成的相关补充数据，具体实施信息隐藏，模块功能和方法明确，不再赘述。

7.3　系统结构与运行流程

信息隐藏系统包括两个子系统和 9 个功能模块，可以全面完成隐藏信息的处理、载体与隐藏算法的选择以及相关传输信息的生成，整个系统构架如图 7-20 所示。

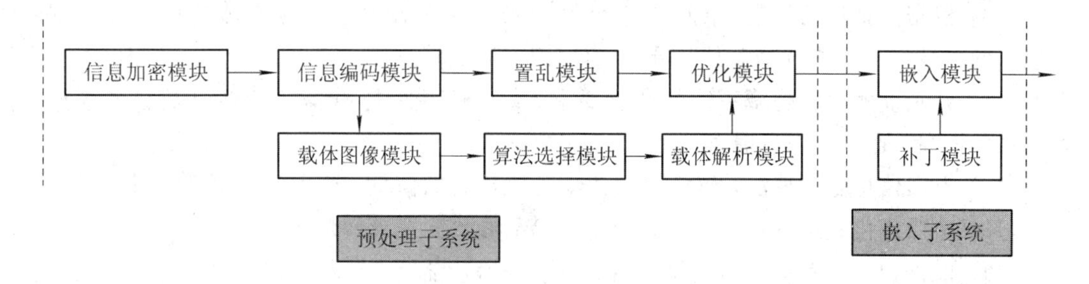

图 7-20　信息隐藏系统

整体信息隐藏系统是由以上所述的 9 个模块组合而成的，根据各个模块的功能和运行流程导出了整个系统的运行流程，如图 7-21 所示。

总结下来，整个运行流程包含 17 个步骤：

(1) 根据原始信息以及系统的性能要求，参照信息加密算法选择原则，选出最佳加密方案。

(2) 依照所选择的加密方法对原始信息进行加密操作。

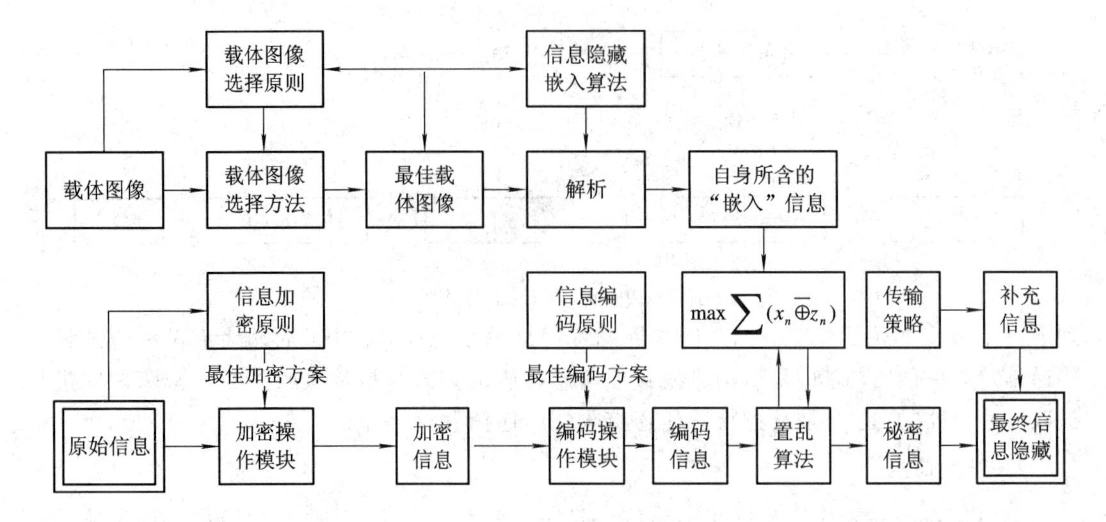

图 7-21 信息隐藏系统的运行流程

(3) 输出加密后的"密文"信息，进行信息编码。

(4) 对整个信息隐藏传输的目的和要求进行汇总。根据汇总的信息，按照信息编码原则得出最佳编码方案。

(5) 按照最佳编码方案，对信息进行编码操作，得出适合的隐藏信息。

(6) 输出编码后的编码信息，为隐藏算法选择模块提供算法选择依据，为置乱选择模块提供置乱选择依据。

(7) 按照置乱选择策略，选择出置乱算法，并对隐藏信息进行置乱，输出初步置乱信息，输入到优化模块中。

(8) 读取可以获取与支配的载体图像。

(9) 对整个信息隐藏传输的目的、要求进行汇总，提取出信息传输渠道、传输信息特性以及系统传输要求。

(10) 根据信息传输渠道、传输信息特性以及系统传输要求按照载体选择原则和方法在输入的可选载体源中选择载体，最终确认使用的载体。

(11) 分别读取信息隐藏系统的性能要求、信息模块的隐藏信息特性以及载体选择模块的载体信息，选择出信息隐藏算法。

(12) 根据信息隐藏算法，解析出载体本身所含有的信息，输入到优化模块进行优化。

(13) 按照优化模型进行参数优化，输出置乱参数到置乱模块。

(14) 根据相关置乱参数对信息进行置乱，输出置乱后的最终信息。

(15) 根据传输渠道的相关信息，由补丁模块生成补充信息。

(16) 将置乱后的信息和补充信息进行结合，生成最终的隐藏信息。

(17) 实施最后的隐藏以及传输。

本章习题

1. 本章提出了信息隐藏系统，包括哪些子系统和哪些功能模块？

2. 详述9个功能模块的功能。
3. 详述信息隐藏应用中信息加密方法的选择原则。
4. 详述信息隐藏应用中信息编码原则。
5. 详述信息隐藏应用中载体选择原则。
6. 解释为什么各个模块会存在制约和冲突？
7. 简述补丁模块中的传递信息和无效信息的作用。

第八章　信息隐藏系统的安全性分析

任何信息系统，必然涉及安全性的问题。安全是信息隐藏技术应用的最根本要求。因此，信息隐藏系统的安全性分析是信息隐藏技术研究的重点内容，是指导信息隐藏系统设计、规避各种隐藏检测和攻击的有效途径。本章将从信息隐藏系统的安全性评估的概念、构成要素、评估流程以及评估原则等几个方面对信息隐藏系统的安全性分析进行研究。

8.1　信息隐藏系统安全性分析概述

信息隐藏系统安全性分析的概念、评估基准要素以及评估流程是整个信息隐藏系统安全性分析工作所涉及的基础工作。

8.1.1　信息隐藏系统安全性分析的概念

在信息隐藏技术快速发展的今天，越来越多的研究工作对于信息隐藏技术来说都具有极强的对抗性和针对性，这些研究工作是信息隐藏技术领域的另一个分支，统称为信息隐藏分析技术。如何有效地判断信息隐藏系统是否达到预期的性能要求并使系统可以安全地使用，是系统使用者最为关心的问题。因此，信息隐藏系统安全性分析工作成为研究的热点。

1. 信息隐藏系统安全性评估的概念

信息隐藏系统安全性评估是一个面对信息隐藏系统的综合评估工作，它贯穿于信息隐藏系统的整个生命周期中(包括信息隐藏后的信息传输和接收方的提取)。通过对信息隐藏系统在不可见性、鲁棒性、抗分析性以及容量性等方面的评估，全面了解系统的潜在安全隐患，通过修改系统的相关模块设置、系统参数以及嵌入算法等，改善信息隐藏系统的性能，最终达到安全的信息秘密传输目的。

2. 信息隐藏系统安全性分析的主要作用

信息隐藏系统安全性评估的主要作用有三点：

(1) 分析信息隐藏系统存在的性能缺失、安全隐患和脆弱环节。

(2) 提出有针对性的系统修改措施。

(3) 对信息隐藏系统进行调整，最终使系统安全性达到可以接受的水平。

8.1.2 信息隐藏系统安全性评估的基准要素

根据信息隐藏技术的应用要求，信息隐藏系统安全性主要体现在不可见性、鲁棒性、抗分析性以及容量性这四个方面，因此以这四个方面为评估基准要素较为恰当。大多数情况下，信息隐藏系统的安全性会以三元组为评估基准。三元组(IRS)是指不可见性(Invisibility)、鲁棒性(Robustness)和抗分析性(Steganalysis)，如图8-1所示。本文依然采用传统的四基准要素进行系统安全性分析。

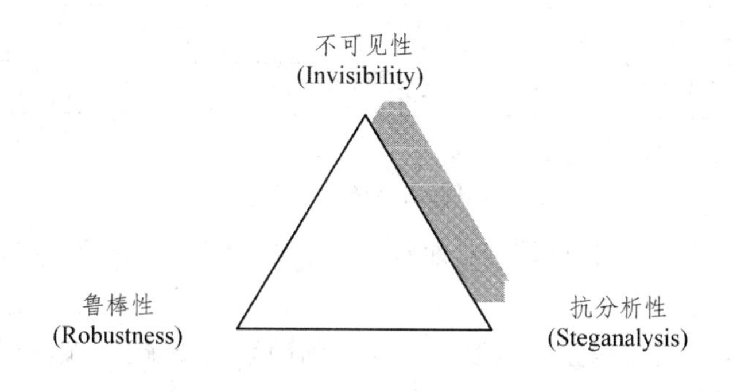

图8-1 信息隐藏系统的安全性IRS三元组

8.2 信息隐藏系统安全性分析的基础理论

信息隐藏系统的安全性分析是一个面对信息隐藏系统的综合性分析工作，它贯穿于信息隐藏系统的整个生命周期中。通过分析信息隐藏系统在不可见性、鲁棒性、抗分析性以及嵌入信息量等方面的实现方法和理论依据，全面了解系统的脆弱环节和综合系统性能，通过修改系统的相关模块设置、系统参数以及隐藏算法等，改善信息隐藏系统的性能，最终达到预期的系统设计和应用目标。

信息隐藏系统的安全性分析的主要作用有两点：

(1) 在系统设计初期或对已有信息隐藏系统进行分析，得出系统的性能水平、存在的性能缺失和脆弱环节。

(2) 根据分析结果提出有针对性的系统修改措施，并根据修改措施对系统进行调整，最终使信息隐藏系统的安全性达到可以接受的水平。

8.2.1 要素提取与分析流程设计

1. 信息隐藏系统安全性分析的要素提取

信息隐藏系统安全性分析的组成要素包括分析要素和基准要素两个方面。分析要素是指关系系统安全的系统要素，本书以系统的结构、功能以及运行方法为基础，提取出信息隐藏系统的安全分析要素：隐藏算法、隐藏信息、信息载体以及系统模块，如图 8-2 所示，其中系统模块是指功能模块之间的相互配合和制约等关系。分析过程就是判断分析要素的设计是否满足信息隐藏系统的性能要求。信息隐藏系统的性能要求主要体现在不可见性、鲁棒性、抗分析性以及嵌入信息量这四个方面，所以用系统的四个性能作为安全性分析的基准要素较为合适。

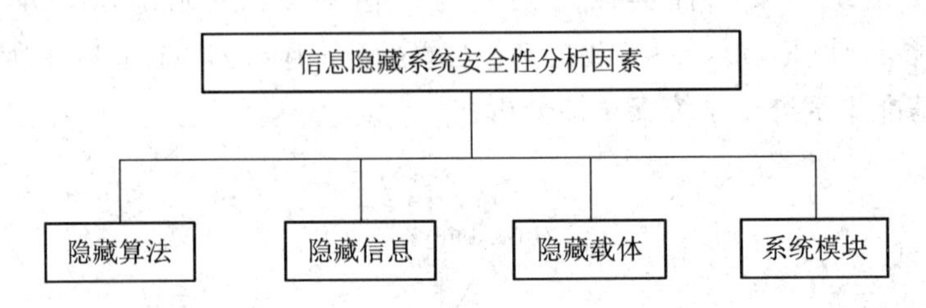

图 8-2　信息隐藏系统的安全性分析要素

信息隐藏系统的安全性分析是一个面对复杂系统的综合性分析工作，在实施分析前需要进行准备，具体内容如下：

(1) 确定目标，即确定信息隐藏系统所要达到的系统要求。目标分为两个层次：第一个层次是对信息隐藏系统的总体描述，例如，“本系统是完成某项任务，传输机密级别为中等，允许被破坏但不允许被破解”。第二个层次是具体到系统的不可见性、鲁棒性、抗分析性以及嵌入信息量，例如，“目标要求鲁棒性为：本系统经过 50% JPEG 2000 压缩后要可以恢复 90%及以上的数据”。

(2) 确定范围，即确定信息隐藏系统安全要求所涉及和约束的系统环节，具体工作是根据预定目标，选择要进行分析的子系统或者功能模块。需要注意的是，与系统要求没有关系或关系较小，或者是受客观硬件或技术问题等的制约，受评单位无法改变性能的模块不在分析范围之内。

(3) 确定方法，即根据信息隐藏系统的特性来确定适合的分析方法。分析方法的选择在信息隐藏系统的安全性分析中最为重要，分析方法分为定性、定量以及两者结合的方式。由于不同性质的分析方法得出的最终结果具有不同的指导作用，所以分析方法要根据分析目标进行选择。

(4) 确定人员，即根据系统的性质，审查分析者的身份，确定系统分析的执行者。由于分析者的身份可以了解到信息隐藏系统的所有技术细节和应用细节，所以分析者的身份必须严格审查。

2. 信息隐藏系统的安全性分析流程

安全性分析工作需要一个标准的运行指导流程，以使分析工作规范化和标准化。根据信息隐藏系统的结构设置、基准与分析要素，提出信息隐藏系统的安全性分析流程，如图 8-3 所示。

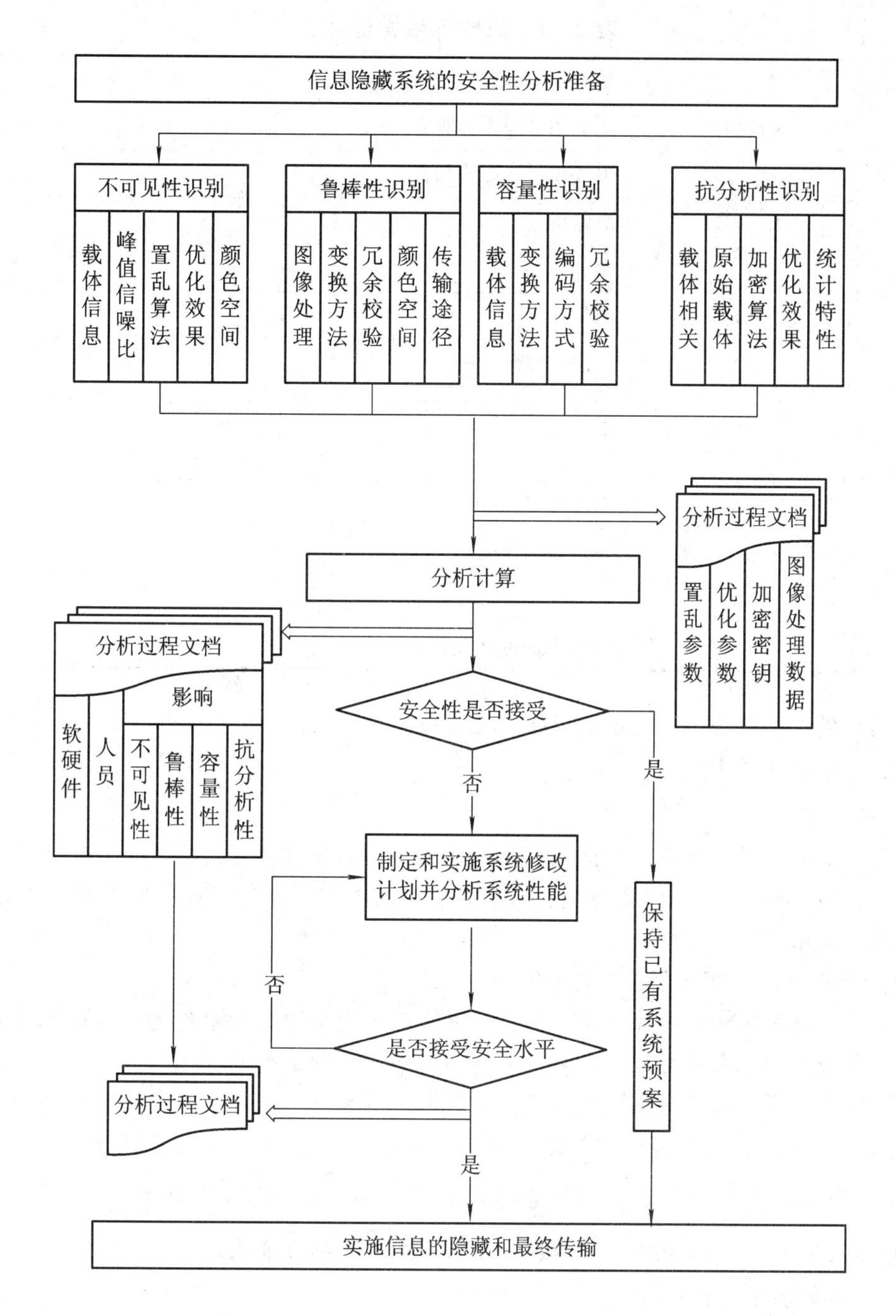

图 8-3　信息隐藏系统的安全性分析流程

8.2.2　安全性分析方法

1. 评估方法概述

系统安全评估方法的种类很多，总体来说，从计算方法区分，有定性方法、定量方法和部分定量方法。从实施手段区分，有基于“树”的技术、动态系统技术等。表 8-1 列举出的是在国际上提出的广义的、传统的系统安全评估理论。

表 8-1 风险评估方法理论

<table>
<tr><td rowspan="13">系统安全评估理论</td><td rowspan="3">定性定量</td><td>概率风险分析</td></tr>
<tr><td>危险和可操作性研究</td></tr>
<tr><td>失效模式及影响分析</td></tr>
<tr><td rowspan="5">基于树技术</td><td>故障树</td></tr>
<tr><td>事故树</td></tr>
<tr><td>因果分析</td></tr>
<tr><td>管理失败风险树</td></tr>
<tr><td>安全管理组织检查技术</td></tr>
<tr><td rowspan="5">动态系统技术</td><td>尝试方法</td></tr>
<tr><td>有向图/故障图</td></tr>
<tr><td>马尔科夫建模</td></tr>
<tr><td>动态事件逻辑分析方法</td></tr>
<tr><td>动态事件树分析方法</td></tr>
</table>

在具体的评估过程中，往往是计算方法与实施手段相结合的综合应用。下面介绍一些典型的系统安全评估方法。

1) 故障树分析法(FTA)

故障树分析法是一种非常有效的 Top-Down 系统分析技术，通过对可能造成系统故障的硬件、软件、环境、人为因素等进行分析，以演绎法探讨故障事件的原因与结果之间的逻辑关系，并用树图形式有层次地表示出来，计算出发生概率。

故障树的分析法可分为定性和定量两种方式。

(1) 定性分析的核心内容是通过求故障树的最小割集得到顶事件的全部故障模式，而最小割集则是通过布尔代数法对原始故障树进行逻辑简化而得到。

(2) 定量分析是在掌握“最小割集”发生概率的情况下，通过逻辑关系得到“顶事件”发生的概率。设底事件 x_i 对应的失效概率为 $q_i(i=1, 2, \cdots, n)$，n 为底事件个数，则最小割集概率为 $P_1 = P(x_1 \cap x_2 \cap \cdots \cap x_n) = \prod_{n} q_i$，顶事件发生的概率为 $P(\mathrm{Top}) = P(y_1 \cup y_2 \cup \cdots \cup y_k)$，其中 y_i 为最小割集，k 为最小割集个数。

2) 事件树分析法(ETA)

事件树由决策树演化而来，是一种逻辑的归纳法，它追踪事件的发展，从事故的起因事件开始，研究的是时间推移过程中各种事件的因果关系，动态地反映出系统的运行过程，从而对信息安全系统进行剖析，达到安全评估的目的。

在逻辑上，系统安全事件树的事件可分为如下几类：

(1) 初始条件，描述影响各种事件概率的系统状态。

(2) 初始事件，启动可引发系统故障的事件序列。

(3) 中间事件，在逻辑上处于初始事件之后，但中间事件本身不代表系统故障。

(4) 恢复动作，表示为防止或减轻故障损坏而做出的反应。

(5) 终端事件，表示系统故障的不同类型和严重程度。

3) 因果分析(CCA)

因果分析是故障树分析和事件树分析的综合，以事件树中失败的初因事件和环节事件为故障树的顶事件进行故障树分析。因果分析中故障树的树根是故障，树叶是故障的原因，对形成事故的机理进行微观分析，寻求控制事故的安全措施；因果分析中事件树的树根是初因事件，树叶是可能的后果，动态分析系统的危险事件，预测系统可能发生的各种事故结果。因果分析的定性结果是系统安全事故发生的真实再现，反应了事故发生的基本过程。

在CCA中，故障树和事件树分析各自保持其自然的发展程序，但又通过危险事件有机地联系起来，成为有因有果的分析方法。

4) 风险模式影响及危害性分析(RMECA)

风险模式影响及危害性分析是通过分析系统所有可能的风险模式来确定每一种风险对系统和信息安全带来的潜在影响，找出风险点，按照风险发生概率和影响程度确定其危害性。

REMCA由风险模式影响分析(RMEA)和危害性分析(CA)两部分工作构成。RMEA是分析系统的每一种可能的故障模式对系统的影响，将故障模式按其严酷度分类的分析方法。严酷度分类是一种定性的评估方法，CA则是RMEA的补充，是通过考虑每种故障模式的严酷度类别及故障模式出现概率所产生的影响，计算出危害性。

5) 概率风险分析法(PRA)

概率风险分析也被称为定量风险分析(QRA)或概率安全性分析(PSA)，它通过Bottom-Up(如FMECA、ETA)与Top-Down(如FTA)相结合，将专家和评估采集数据有机结合，进行系统风险评估，分析步骤如下：① 确立顶事件；② 利用MLD分析，确定初始事件；③ 运用FTA分析，得到风险事故序列组；④ 运用FMECA、ETA分析，确立最小割集。

6) 危险性和可操作性分析(HAZOP)

危险性和可操作性分析(HAZard and OPerability Analysis，HAZOP)是基于专家组问题提出、评估组和受评组织共同讨论即“脑风暴”来解决问题的方法。HAZOP技术常用的形式有三种，即引导词方式(Guide Word Approach)、经验式(Knowledge-based HAZOP)和检查表式(Checklist)。最常用的是引导词方式。

7) 风险矩阵分析法

风险矩阵是在项目管理过程中识别风险重要性的一种结构性方法，该方法由美国空军电子系统中心(Electronic Systems Center，ESC)在1995年提出。风险矩阵法在系统安全性评估中可以分为以下四个步骤：

(1) 等级说明。风险矩阵法将安全隐患对系统的影响程度分为5个等级(或者更多更细)，并对各个等级以列表的方式进行了解释性说明。

(2) 发生概率。将系统出现问题的发生概率划为若干等级，并对各个等级以列表的方式进行了解释性说明。

(3) 问题级别。在确立等级和发生概率的基础上，建立一个影响等级和发生概率的二维坐标系，从而得到系统各个问题的级别。

(4) 系统问题排序。在确立系统问题级别的基础上，引入 Borda 排序法来确定哪种系统问题最为关键。

2. 灰色层次分析法

传统的系统理论大部分是研究那些信息比较充分的系统。但是，在客观世界中，大量存在的不是白色系统(信息完全明确)，也不是黑色系统(信息完全不明确)，而是部分信息明确、部分信息不明确的灰色系统。灰色系统理论是以这种大量存在的灰色系统为研究对象的信息理论，它用灰色数、灰色方程、灰色矩阵、灰色群等来描述，突破了原有方法在灰色区域的判断局限性，可以深刻地反映事物的本质。

美国运筹学家萨蒂提出的层次分析法(Analytic Hierarchy Process，AHP)是一种把复杂系统中各因素构造为一个多层次结构模型来进行分析的著名的决策方法。由于 AHP 法在许多目标决策问题方面具有优势，目前已在很多领域得到广泛应用。

AHP 法的基本思想是将受评估系统的主要问题因素按关联隶属关系构成递阶层次模型，通过各层次中各因素间的两两比较确定诸因素的权重。层次分析法主要用于多目标决策。信息隐藏嵌入系统涉及多个模块和子系统，具有多目标决策的特点。因此，信息隐藏嵌入系统可以选择层次分析法进行安全性评估。

按照层次分析法最核心的比较数值理论而言，其分析步骤是按以下三个步骤进行的：

(1) 建立层次结构。根据层次分析法原理，层次包括目标层、准则层和指标层。

(2) 构造判断矩阵。由系统专家进行判定，构造评估矩阵。

(3) 层次总排序和综合判断。利用层次分析法对评估矩阵进行处理，可得各要素的权重矩阵，再利用权重矩阵得出下层对上层要素的相对权重。

本书将灰色系统理论与层次决策相结合，形成了灰色层次分析方法。方法的核心思想是在基于层次分析法的评估模型中，不同层次的决策“权”按照灰色系统理论取得。本章将灰色层次分析法应用到信息隐藏嵌入系统的安全性评估工作中，具体算法模型及应用见8.3节。

8.2.3 系统安全评估方法的比较和联系

1. 各评估方法的比较

上述内容介绍了很多的评估方法，每一种方法都有其自身的优缺点，这些优缺点一是来自评估方法的属性，二是由具体方法的评估流程决定的。

1) FTA、ETA 和 CCA

故障树和事件树都是基于“树”的评估方法，而因果分析则是故障树分析和事件树分析的综合，它们都继承了树形分析法的优势，具有共同的特点。

树形分析法的优点：

(1) 适于分析大型复杂系统的可靠性及安全性。

(2) 有利于掌握事故规律，控制事故的发生。

(3) 事件序列一目了然，定性地反映了系统的特性。

(4) 明确各种失效事件的关系和事件发生所引起的后果。

(5) 可以包罗一切可能性，易于文档化。

(6) 图形化的技术资料在建成以后是一种直观的指南。

(7) 有助于了解安全事件排序。

树形分析法的缺点：

(1) 大型故障树的建立不易理解。

(2) 逻辑关系复杂。

(3) 概率计算需要大量的可靠性数据。

(4) 只限于非平行事件，不适于详细分析。

(5) 容易复杂化。

解决方法：针对常规树形分析不能考虑基本事件发生概率的不确定性这一现状，通过引入模糊集的概念，将常规事件树中基本事件的发生概率模糊化，利用相关算法得到模糊概率，有助于了解系统事故的分布规律，为系统的安全管理提供了依据。

2) RMECA

风险模式影响及危害性分析是一种系统化的风险预计技术，其分析方法适合于整个系统，较其他评估方法而言，有其自身的优势和不足。

风险模式影响及危害性分析方法的优点：

(1) 分析非常简单，只需明确各项内容的要求以及明确分析的过程。

(2) 利用表格，易实现，不需复杂的数学运算，适用性广。

(3) 分析结果可以作为 FTA 和 RCMA 的基础。

(4) 它能规范人员的活动，即便是没有足够经验，也能够进行分析。

风险模式影响及危害性分析方法的缺点：

(1) 仅考虑到危险性失效。

(2) 单因素分析，共同因素效应不足。

(3) 涉及人为因素、环境影响和软件误差较少。

(4) 不适合复杂的系统。

(5) 只能做系统归纳。

(6) 从单要素的失效模式开始，工作量很大，实际工作中往往难以完成。

解决办法：抓住系统主要矛盾，在作 RMECA 之前，首先利用 FTA 找出关键要素，这样使工作量大大减少，增强实效性。这一方法是以关键要素作为结合点，把两种分析方法有效地结合起来，如图 8-4 所示。

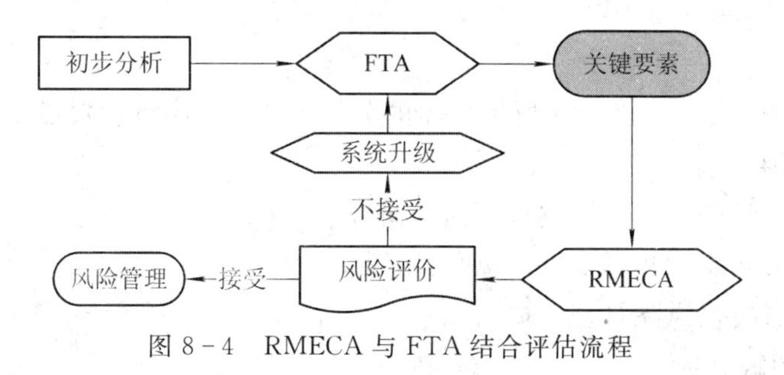

图 8-4　RMECA 与 FTA 结合评估流程

3）PRA

概率风险评估既强调应用定量计算，又定性地注意工程技术人员的实际经验，是将系统分解转化的分析方法。

概率评估法的优点：

（1）明确事故风险序列。

（2）确定事故发生概率。

（3）适于对不确定的系统的定量风险评估。

概率评估法的缺点：

（1）较为依赖数据来源。

（2）对评估专家要求较高。

（3）方法结合复杂，流程较为繁琐。

解决办法：评估过程应分工明确，步骤责任落实到位；步骤方法简要化；在关键要素方面多做工作，使得步骤结合紧密，力争做到数据的强针对性。

4）HAZOPA

危险性和可操作性分析相对其他方法较为独立，也有自身的优缺点。

危险性和可操作性方法的优点是：

（1）能对系统设计进行全面的分析研究。

（2）能对操作人员的操作错误及由此产生的后果进行分析研究，并采取措施防范。

（3）可以发现系统中潜在的危险，并采取措施予以消除。

（4）使设计和操作人员更加全面地了解系统的性能。

（5）充实了生产操作规程，提高操作人员的业务水平。

（6）具有很强的针对性。

（7）明确约定行动建议的执行方，可操作性较强。

危险性和可操作性方法的缺点是：

（1）运用的人力、物力及耗用的时间较多。

（2）结果依赖于所审查的图纸及资料的准确性。

（3）要求专家小组成员具备较好的专业知识技能和较丰富的实践经验。

（4）要保证讨论会的气氛和质量。

解决办法：在评估工作开展以前必须明确责任，制定严谨的评估纪律，一切按程序进行，避免评估开展后的人为阻碍。

5）AHP

对系统进行分层、权重处理、要素排序的分析方法，为决策者提供定量的数据。

AHP 方法的优点：

（1）对系统设计的层次结构进行全面的研究。

（2）明确底层要素的相对安全状况，了解薄弱环节。

（3）给决策者提供风险管理依据。

AHP 方法的缺点：

（1）量化过程中的不确定性。

(2) 实际要素关联的合理性很难保证。

(3) 要求专家小组成员具备较好的专业知识技能和较丰富的实践经验。

(4) 权重值的参考及系统升级的可行性问题。

解决办法：引入模糊聚类、灰色系统理论等对权重值以及判断矩阵进行改造，减少人为因素带来的不确定性；出台相关参考值对隶属原则进行细化，提高评估工作的完整性和可操作性，如图 8-5 所示。

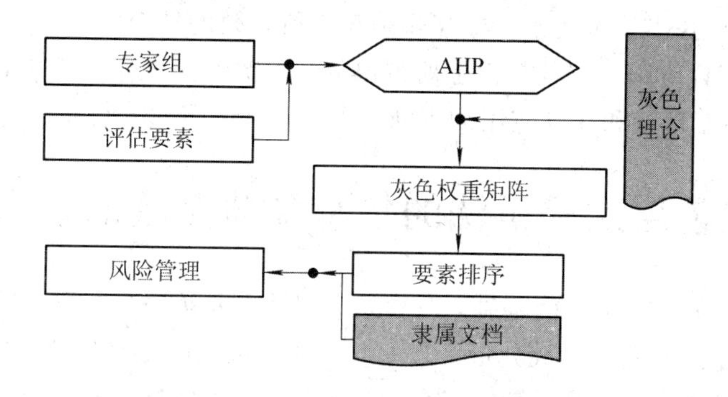

图 8-5　应用灰色理论的 AHP 法

2. 安全评估方法的联系

从以上的讨论我们已经看出，现代评估工作是各种方法综合应用的过程，分享优势、克服自身劣势。在进行方法阐述和比较的过程中，已经较为详细地说明了各种方法的联系，以下结合图 8-6 做一个总结。

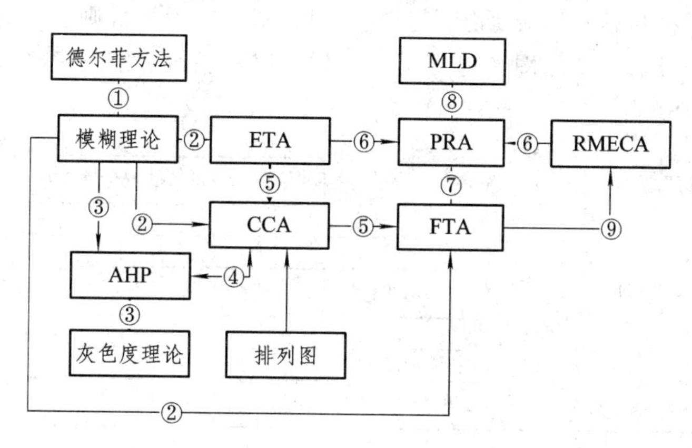

图 8-6　评估方法联系图

(1) 在无法通过统计的方法得到确切的数字来描述事件发生概率的情况下应用德尔菲方法，充分借助专家的知识，用模糊性语言的方式对给定事件的发生概率进行评估。

(2) 利用模糊理论的模糊度在一定程度上可以表征模糊不确定性的特性，对模糊数的不确定性进行分析。将基本事件等发生的概率模糊化，这样就充分考虑到了事件的不确定性。

(3) 利用模糊理论和灰色度理论对权重值的生成进行模糊化，减少人为因素带来的不确定性。

(4) 利用因果分析法克服 AHP 不能发现新问题的固有缺陷，使复杂问题变得清晰、有层次，进而找出问题的关键，从而有效地提高它的使用效果。

(5) CCA 是故障树分析和事件树分析的综合。

(6) 利用 RMECA 和 ETA 分析法，确立最小割集。

(7) 利用 FTA 分析法确定风险事故序列组。

(8) 利用 MLD 分析初始事件。

(9) 利用 FTA 找出关键要素，与 RMECA 进行有效的结合。

评估方法的综合应用不仅仅是以上所列出的，在实际的操作过程中，往往还有更大的联系空间。相信随着理论和实际应用的不断发展，会有更多的方法充实到评估中来。

8.3 基于灰色层次分析法的信息隐藏系统的安全性分析模型

分析方法是系统分析工作的基础，但实际应用是需要按照分析方法所需要的相关要素建立相应的系统分析模型去完成分析工作。本节利用灰色层次分析法，建立了基于灰色层次分析法的数字图像信息隐藏系统的安全性分析模型，为信息隐藏系统的安全性分析提供了一种明确的分析模型和实际操作方法。

8.3.1 安全性分析的模型构建

根据信息隐藏系统安全性分析的基准要素和分析要素以及 AHP 分析法的基本原理，建立信息隐藏系统安全性分析的 AHP 层次模型，分析结构可以分为三层：信息隐藏系统安全性为目标层，衡量信息隐藏系统安全性的四大基准要素为准则层，信息隐藏系统的四项性能分析要素为指标层，如图 8-7 所示。这样的结构涵盖了信息隐藏系统安全性的各方面并体现了层次与逻辑。

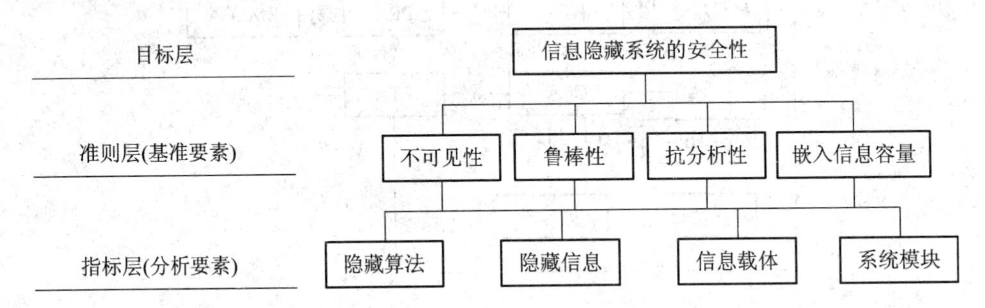

图 8-7 信息隐藏系统安全性分析的 AHP 层次结构

根据图 8-7 总结出的信息隐藏系统安全性分析的 AHP 层次结构，建立基于灰色层次分析法的信息隐藏系统的安全性分析模型，如图 8-8 所示，整个分析模型一共分为七个步骤。

(1) 确立分析人员权重。

根据分析者自身素质的差异以及负责分析部分的不同，按权威与重要程度等因素对分析人员采取不同的权重。在基于灰色层次分析法的分析模型中，专家组权重矩阵用来体现这种权重的差异，专家组权重矩阵记作 $\boldsymbol{P}$。

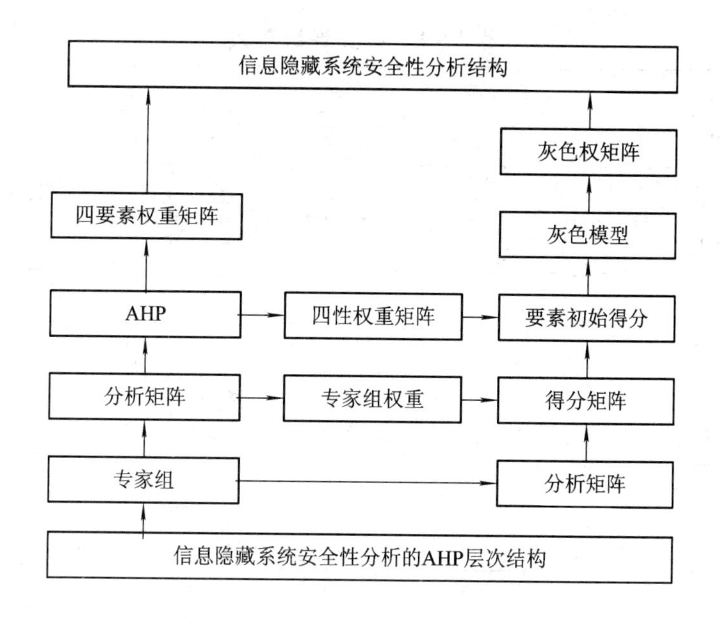

图 8-8　基于灰色层次分析法的信息隐藏系统安全性分析模型

（2）构造分析矩阵，确定各要素相对权重。

由专家构造分析矩阵，矩阵行代表同一层次的分析要素，列代表要素的相对重要性等级，以此行、列建立分析矩阵。“√”代表“1”，“空”代表“0”，利用层次分析法对分析矩阵进行处理可得各要素的权重矩阵。根据图 8-7 的信息隐藏系统安全层次结构，准则层四要素权重用 W_i 表示，指标层四分析要素的权重用 W_{ij} 表示，其中 $i=(1, 2, 3, 4)$，$j=(1, 2, 3, 4)$。

（3）构建得分矩阵。

因为底层分析因素是定性而非定量指标，分析时不能形成统一的标准，为此，依照优劣程度，将其分为甲、乙、丙、丁、戊五个等级，对应分值为 10、8、6、4 和 2 分，构成等级分值矩阵 $\boldsymbol{C}$，$\boldsymbol{C}=[10\quad 8\quad 6\quad 4\quad 2]$。指标等级介于两相邻等级时，分值为 9、7、5、3 和 1 分。具体标准将由专家组拟定。用 $\boldsymbol{D}_{JI}^{A}$ 表示专家组 I 对准则层要素 J 的第 A 个指标层属性给出的评分矩阵。

（4）确定分析要素的初始得分。

由 $\boldsymbol{D}_{JI}^{A}$ 和 $\boldsymbol{P}$ 可得指标层分析要素的得分矩阵 $\boldsymbol{D}_{J}^{A}$：

$$\boldsymbol{D}_{J}^{A} = \boldsymbol{D}_{JI}^{A} \cdot \boldsymbol{P} \tag{8-1}$$

由得分矩阵 $\boldsymbol{D}_{J}^{A}$ 和权重矩阵 $\boldsymbol{W}_{ij}$ 可得准则层要素的初始分析分数 d_{Vi}：

$$d_{Vi} = (\boldsymbol{W}_{ij})^{\mathrm{T}} \cdot \boldsymbol{D}_{i}^{A} \tag{8-2}$$

（5）确定分析灰类。

确定分析灰类就是要确定分析灰类的等级数、灰类的灰数以及灰数的白化权函数，在灰色系统理论中，白化权函数转折点的值称为阈值。

本节研究的具体对象是信息隐藏系统，通过定性分析确定阈值。本节将等级设为五级，则灰类序号为 $k(k=1, 2, 3, 4, 5)$，它们是“甲”、“乙”、“丙”、“丁”、“戊”五级，其相应灰数如表 8-2 所示。

表 8-2　灰类等级灰数

灰类等级	白化权函数	灰　　数	图　　示
第 1 类“甲”	f_1	$\oplus 1 \in [9, \infty)$	图 6-5(a)
第 2 类“乙”	f_2	$\oplus 2 \in (0, 8, 16)$	图 6-5(b)
第 3 类“丙”	f_3	$\oplus 3 \in (0, 6, 12)$	图 6-5(c)
第 4 类“丁”	f_4	$\oplus 4 \in (0, 4, 8)$	图 6-5(d)
第 5 类“戊”	f_5	$\oplus 5 \in (0, 2, 3)$	图 6-5(e)

由表 8-2 得出相应灰数白化权函数，如图 8-9 所示。

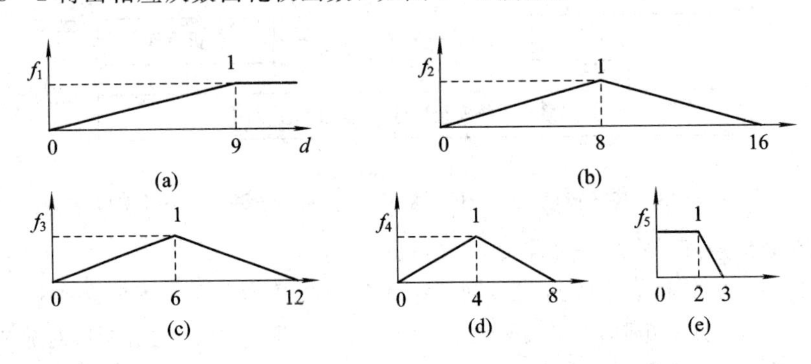

图 8-9　五类灰数的白化权函数

(6) 确立灰色权矩阵。

将受评要素的初始得分分别代入五类白化权函数，可以得到受评要素属于各灰色等级的灰色系数，见式(8-3)，即

$$\boldsymbol{V}_i = [f_1(d_{Vi}) \quad f_2(d_{Vi}) \quad f_3(d_{Vi}) \quad f_4(d_{Vi}) \quad f_5(d_{Vi})] \tag{8-3}$$

对 $\boldsymbol{V}_i$ 进行归一化处理，得准则层各基准要素的灰色分析权矩阵 $\boldsymbol{R}_{Vi}$，再由 $\boldsymbol{R}_{Vi}$ 组成矩阵 $\boldsymbol{R}$，$\boldsymbol{R}$ 为准则层分析权矩阵。

$$\boldsymbol{R} = [\boldsymbol{R}_{V1}, \boldsymbol{R}_{V2}, \cdots, \boldsymbol{R}_{Vi}]^{\mathrm{T}} \tag{8-4}$$

由 $\boldsymbol{R}$ 和 $\boldsymbol{W}_i$ 可确定目标层的灰色权矩阵，则受评系统的总灰度权矩阵如式(8-5)所示：

$$\boldsymbol{M} = \boldsymbol{W}^{\mathrm{T}} \cdot \boldsymbol{R} \tag{8-5}$$

(7) 最终评估结果。

根据最大隶属原则，由 $\boldsymbol{R}_{Vi}$ 可得准则层各要素的级别，由矩阵 $\boldsymbol{M}$ 可知目标层的最终等级。

受评系统的综合得分由式(8-6)计算：

$$\boldsymbol{N} = \boldsymbol{M} \cdot \boldsymbol{C}^{\mathrm{T}} \tag{8-6}$$

8.3.2　安全性分析的应用实例

本书在第五章提出的基于 $l\alpha\beta$ 与组合广义位平面的信息隐藏算法是对基于 $l\alpha\beta$ 与组合位平面信息隐藏算法的改进(记作 $l\alpha\beta$-CBP)。由于 $l\alpha\beta$-CBP 的鲁棒性较强，且文献中没有对 $l\alpha\beta$-CBP 的抗分析性和嵌入信息量进行分析，所以本节通过对鲁棒性进行安全性分析与比较，证明模型分析结果的准确性。

1. 对 $l\alpha\beta$－CBP 的鲁棒性进行安全性分析实验

根据基于灰色层次分析法的信息隐藏系统的安全性分析模型的七个步骤对 $l\alpha\beta$－CBP 的鲁棒性进行分析。

(1) 确立分析人员权重。

对 $l\alpha\beta$－CBP 系统分析者有五位，根据实际的能力区别，专家组权重矩阵 $\boldsymbol{P}$ 为

$$\boldsymbol{P}=[p_1\quad p_2\quad p_3\quad p_4\quad p_5]^{\mathrm{T}}=[0.1\quad 0.3\quad 0.3\quad 0.2\quad 0.1]^{\mathrm{T}}$$

(2) 确定指标层相对权重。

按照图 8－7 所示的层次关系，分析者得出指标层四个分析要素对 $l\alpha\beta$－CBP 系统的鲁棒性的重要程度，如表 8－3 所示。

表 8－3　指标层四个分析要素与鲁棒性的专家分析矩阵

指标层与鲁棒性的分析判定		四个分析要素对于鲁棒性的重要程度			
		系统模块	隐藏信息	载体图像	隐藏算法
相对重要性等级	最重要				
	相邻中值				
	很重要		√		
	相邻中值				
	比较重要			√	
	相邻中值				√
	稍微重要				
	相邻中值	√			
	不重要				

分析者根据表 8－3，得出影响信息隐藏系统鲁棒性的四个分析要素的分析矩阵，生成规则为"√"代表"1"，"空"代表"0"，分析矩阵记作 $\boldsymbol{T}$：

$$\boldsymbol{T}=\begin{bmatrix}0&0&0&0\\0&0&0&0\\0&1&0&0\\0&0&0&0\\0&0&1&0\\0&0&0&1\\0&0&0&0\\1&0&0&0\\0&0&0&0\end{bmatrix}$$

由分析矩阵 $\boldsymbol{T}$ 可得四个分析要素的判断矩阵 $\boldsymbol{A}$：

$$A=\begin{bmatrix}1 & \frac{1}{6} & \frac{1}{4} & \frac{1}{3}\\ 6 & 1 & 3 & 4\\ 4 & \frac{1}{3} & 1 & 2\\ 3 & \frac{1}{4} & \frac{1}{2} & 1\end{bmatrix}$$

求 $\boldsymbol{A}$ 的最大特征值所对应的特征向量，归一化得四个分析要素的权重，记作 $\boldsymbol{W}$：

$$\boldsymbol{W}=[w_{11}\quad w_{12}\quad w_{13}\quad w_{14}]^{\mathrm{T}}=[0.0649\quad 0.5496\quad 0.2389\quad 0.1466]^{\mathrm{T}}$$

(3) 构建得分矩阵。

五个分析者综合判断了 $l\alpha\beta$-CBP 中系统模块、隐藏信息、载体图像和隐藏算法的设计方法对鲁棒性的贡献，对“鲁棒性”进行评分，评分矩阵为 $\boldsymbol{D}_{1I}^{A}$：

$$\boldsymbol{D}_{1I}^{A}=[\boldsymbol{D}_{1I}^{1},\ \boldsymbol{D}_{1I}^{2},\ \boldsymbol{D}_{1I}^{3},\ \boldsymbol{D}_{1I}^{4}]^{\mathrm{T}}=\begin{bmatrix}6 & 7 & 6 & 8 & 7\\ 9 & 8 & 7 & 8 & 7\\ 8 & 8 & 8 & 7 & 8\\ 9 & 8 & 9 & 8 & 9\end{bmatrix}$$

(4) 确定评估要素初始得分。

由式(8-1)可以计算“鲁棒性”这一准则层要素对应的指标层的四个分析要素的得分矩阵为 $\boldsymbol{D}_{1}^{A}$：

$$\boldsymbol{D}_{1}^{A}=\boldsymbol{D}_{1I}^{A}\cdot\boldsymbol{P}=\begin{bmatrix}9 & 8 & 7 & 8 & 7\\ 8 & 8 & 8 & 7 & 8\\ 6 & 7 & 6 & 6 & 7\\ 7 & 8 & 7 & 6 & 7\end{bmatrix}[0.1\quad 0.3\quad 0.3\quad 0.2\quad 0.1]^{\mathrm{T}}$$

$$=[7.7\quad 7.8\quad 6.4\quad 7.1]^{\mathrm{T}}$$

$\boldsymbol{D}_{1}^{A}$ 归一化得 $\boldsymbol{D}_{1}^{A'}$：

$$\boldsymbol{D}_{1}^{A'}=[0.2655\quad 0.2690\quad 0.2207\quad 0.2448]^{\mathrm{T}}$$

由式(8-2)计算 $l\alpha\beta$-CBP 的“鲁棒性”的初始得分 d：

$$d=(\boldsymbol{W})^{\mathrm{T}}\cdot\boldsymbol{D}_{1}^{A}=[0.0649\quad 0.5496\quad 0.2389\quad 0.1466]\begin{bmatrix}7.7\\ 7.8\\ 6.4\\ 7.1\end{bmatrix}=7.35643(\text{分})$$

(5) 确立灰色权矩阵。

根据式(8-3)，将“鲁棒性”的初始得分分别带入白化权函数(表 8-2)，得到“鲁棒性”属于各灰色等级的灰色系数 $\boldsymbol{V}$：

$$\boldsymbol{V}=[f_1(d)\quad f_2(d)\quad f_3(d)\quad f_4(d)\quad f_5(d)]$$
$$=[0.8174\quad 0.9196\quad 0.7739\quad 0.1609\quad 0]$$

对 $\boldsymbol{V}$ 进行归一化处理得“鲁棒性”的灰色评估权矩阵 $\boldsymbol{R}$：

$$\boldsymbol{R}=[0.3059\quad 0.3442\quad 0.2897\quad 0.0602\quad 0]$$

(6) 最终分析结果。

根据最大隶属原则，由 $\boldsymbol{R}$ 可得 $l\alpha\beta$-CBP 鲁棒性的级别，见表 8-4 所示。

表 8-4　$l\alpha\beta$-CBP 的鲁棒性级别

鲁棒性的灰色权矩阵	最大隶属值	位置	要素级别
$\boldsymbol{R}=[0.3059 \quad 0.3442 \quad 0.2897 \quad 0.0602 \quad 0]$	0.3442	2	乙

由 $\boldsymbol{D}_1^{A'}$ 可知指标层要素对鲁棒性的贡献程度或者脆弱环节，如表 8-5 所示。

表 8-5　$l\alpha\beta$-CBP 分析要素在鲁棒性中的性能表现

四个影响鲁棒性的系统分析要素				结　论
系统模块	隐藏信息	载体图像	隐藏算法	载体图像性能最弱（最小隶属原则）
0.2655	0.2690	0.2207	0.2448	

根据表 8-4 和表 8-5 可知，基于 $l\alpha\beta$-CBP 算法具有较好的鲁棒性(乙级)，但在四个影响鲁棒性的系统要素中，“载体图像”对于鲁棒性的贡献最低，如果对“载体图像”进行改进，则会使系统的鲁棒性有一定的提高。

2. 结论验证

本文提出的 $l\alpha\beta$-CGBP 算法就是基于以上分析的结论，在“载体图像”上对 $l\alpha\beta$-CBP 算法进行改进，如表 8-6 所示。

表 8-6　$l\alpha\beta$-CGBP 对 $l\alpha\beta$-CBP 算法的改进对照

改进要素	信息隐藏算法	
	$l\alpha\beta$-CBP	$l\alpha\beta$-CGBP
嵌入区域	灰度图像	彩色图像
	一阶 $l\alpha\beta$ 分解	二阶 $l\alpha\beta$ 分解
	未抽取 l 分量	抽取一阶 l 分量
	无置乱	亚仿射变换

通过改进算法后，利用基于灰色层次分析法的信息隐藏系统的安全性分析模型对 $l\alpha\beta$-CGBP 算法的鲁棒性进行分析，关键的定量分析结果如下：

(1) 评分矩阵为 $\boldsymbol{G}_{1I}^{A}$：

$$\boldsymbol{G}_{1I}^{A}=[\boldsymbol{G}_{1I}^{1},\boldsymbol{G}_{1I}^{2},\boldsymbol{G}_{1I}^{3},\boldsymbol{G}_{1I}^{4}]^{\mathrm{T}}=\begin{bmatrix}9&8&7&9&7\\9&8&9&8&8\\9&9&8&7&7\\7&8&8&6&7\end{bmatrix}$$

(2) 得分矩阵 $\boldsymbol{G}_1^{A}$：

$$\boldsymbol{G}_1^{A}=\boldsymbol{G}_{1I}^{A}\cdot\boldsymbol{P}=[7.9 \quad 8.4 \quad 8.1 \quad 7.4]^{\mathrm{T}}$$

$\boldsymbol{G}_1^{A}$ 归一化得 $\boldsymbol{G}_1^{A'}$：

$$\boldsymbol{G}_1^{A'}=[0.2484 \quad 0.2642 \quad 0.2547 \quad 0.2327]^{\mathrm{T}}$$

(3) 初始得分 g：

$$g=(\boldsymbol{W})^{\mathrm{T}}\cdot\boldsymbol{G}_1^{A}=8.149\,28$$

(4) 灰色权矩阵 $\boldsymbol{V}'$：

$$\boldsymbol{V}' = [0.90547 \quad 0.98134 \quad 0.64179 \quad 0 \quad 0]$$

归一化后为 $\boldsymbol{R}'$：

$$\boldsymbol{R}' = [0.3581 \quad 0.3881 \quad 0.2538 \quad 0 \quad 0]$$

(5) 最终分析结果。

根据最大隶属原则，由 $\boldsymbol{R}'$可得系统鲁棒性的级别，见表 8-7 所示。

表 8-7　$l\alpha\beta$-CGBP 鲁棒性的级别

安全性四要素灰色权矩阵	隶属值	位置	要素级别
$\boldsymbol{R}' = [0.3581 \quad 0.3881 \quad 0.2538 \quad 0 \quad 0]$	0.3881(最大)	2	乙

根据表 8-7 可知，基于 $l\alpha\beta$-CGBP 算法具有较好的鲁棒性，虽然仍是乙级，但根据与表 8-4 的数据对比可知，$l\alpha\beta$-CGBP 的鲁棒性的权重(0.3881)大于 $l\alpha\beta$-CBP 的鲁棒性权重(0.3442)，说明鲁棒性有所提高，大约提高了 12.75%。

由 $\boldsymbol{G}_1^{A'}$可知指标层各要素对鲁棒性的贡献或者是脆弱点，如表 8-8 所示。

表 8-8　$l\alpha\beta$-CGBP 分析要素在鲁棒性中的性能表现

四个影响鲁棒性的系统要素				结论
系统模块	隐藏信息	载体图像	隐藏算法	嵌入算法为薄弱环节(最小隶属原则)
0.2484	0.2642	0.2547	0.2327	

根据表 8-8 所示，比较其余三个影响鲁棒性的系统要素，“隐藏算法”对鲁棒性的贡献最低，由表 8-5 和表 8-8 综合分析可以得出，只有从根本上改进算法(隐藏思路)才可以进一步提高系统的鲁棒性，这与实际情况是完全相符的。

本 章 习 题

1. 信息隐藏系统安全性分析的主要作用是什么？
2. 信息隐藏系统安全性评估的基准要素是什么？
3. 简述典型的信息安全评估方法。
4. AHP 层次分析法的主要作用是什么？